Norman Alexis Colindres Pinoth

Propuesta de un Sistema de Comunicaciones Digitales

Norman Alexis Colindres Pinoth

Propuesta de un Sistema de Comunicaciones Digitales

para que Unidades de Fuerzas Armadas apoyen a Instituciones del Estado en Emergencias Causadas por Fenómenos Naturales

Editorial Académica Española

Imprint
Any brand names and product names mentioned in this book are subject to trademark, brand or patent protection and are trademarks or registered trademarks of their respective holders. The use of brand names, product names, common names, trade names, product descriptions etc. even without a particular marking in this work is in no way to be construed to mean that such names may be regarded as unrestricted in respect of trademark and brand protection legislation and could thus be used by anyone.

Cover image: www.ingimage.com

Publisher:
Editorial Académica Española
is a trademark of
Dodo Books Indian Ocean Ltd. and OmniScriptum S.R.L publishing group

120 High Road, East Finchley, London, N2 9ED, United Kingdom
Str. Armeneasca 28/1, office 1, Chisinau MD-2012, Republic of Moldova, Europe
Printed at: see last page
ISBN: 978-613-9-44245-4

NOTA ACLARATORIA

"Las opiniones y juicios emitidos en el presente documento son de exclusiva responsabilidad del autor y no representa de manera alguna la posición de la institución castrense de Honduras"

DEDICATORIA

A mi esposa, Bessy Melany y a mis hijos, Alma Teresa, Alek Valentín y mi ángel en el cielo Yasser Alessandro: ustedes son mi alegría e inspiración para seguir adelante en mi carrera.

AGRADECIMIENTOS

A Dios: Gracias por darme la sabiduría y el entendimiento, para guiar mis pasos por el camino correcto.

A mi esposa e hijos: Por ser seres maravillosos que me brindan apoyo incondicional, permitiéndome realizar un excelente trabajo.

Al personal de apoyo: Por su dedicación y colaboración en el desarrollo de este estudio monográfico, en especial al Asesor Metodológico, Teniente Coronel de Infantería DEM Rubén Romero Castro, y al Asesor Técnico, Coronel de Comunicaciones DEM Luis Fernando Majano Reyes.

A los especialistas de comunicaciones: Por la valiosa información proporcionada en el manejo de sistemas de comunicaciones digitales y también a los encargados de telecomunicaciones de instituciones como la Policía Nacional de Honduras, el Cuerpo de Bomberos, la Cruz Roja Hondureña y la Comisión Permanente de Contingencias (COPECO).

ÍNDICE

ÍNDICE DE CUADROS

ÍNDICE DE FIGURAS

ÍNDICE DE GRÁFICAS

INDICÉ DE ANEXOS

SIGLAS Y ACRONIMOS

AES-254:   Advanced Encryption Standar (Cifrado Estándar Avanzado) ALE: Automatic Link Establishment (Enlace Automático Establecido)

AM: Amplitud Modulada

Bit: Binary Digit (Digito Binario)

BTS: Base Transceiver Station (Estación Transceptora Base)

COMTELCA: Comisión de Telecomunicaciones Centroamericana.

CONATEL: Comisión Nacional de Telecomunicaciones COPECO: Comisión Permanente de Contingencias

DBS: Satellite Broadcast Services (Servicios de Difusión por Satélite)

DMR: Digital Mobile Radio (Radio Móvil Digital)

FSS: Fixed Satellite Services (Servicios Fijos por Satélite)

FCC: Federal Communications Commission (Comisión Federal de Comunicaciones)

GSM: Global System for Mobile (Sistema Global para las Comunicaciones Móviles.

HF: High Frequency (Frecuencia Alta u onda corta)

INMARSAT: International Maritime Satellite (Organización Internacional de Telecomunicaciones Marítimas por Satélite).

MICITT: Ministerio de Ciencia, Tecnología y Telecomunicaciones de Costa Rica.

MHz: Megahercio

MSS: Mobile Satellite Services (Servicios Móviles por Satélite) PTT:
              Push To Talk (Pulsar para Hablar)

PBX: Private Branch Exchange (Red Telefónica Privada) SINAGER:
              Sistema Nacional de Gestión de Riesgos.

SMS: Short Message (Mensajes de Texto)

Tetra: Terrestrial Trunked Radio (Radio Terrestre Troncalizada)

TIC's: Las tecnologías de Información y Comunicación (TIC's) son el
              conjunto de herramientas relacionadas con la transmisión,
              procesamiento y almacenamiento digitalizado de la información.

UHF: Ultra High Frequency (Frecuencia Ultra Alta) UIT: Unión
              Internacional de Telecomunicaciones VHF: Very   High
              Frequency (Frecuencia Muy Alta)

VE-PG4:   Es una unidad de puerta de enlace versátil RoIP (Radio sobre red IP).

VSAT: Very Small Aperture Terminal (Terminal de Apertura Muy
              Pequeña).

Wave: Onda

Winlink: Servicio de correo electrónico mundial que utiliza la radio y es capaz
              de funcionar completamente sin Internet.

INTRODUCCIÓN

El presente estudio tiene por finalidad establecer un sistema de comunicaciones digitales eficaz, para Fuerzas Armadas en apoyo a las instituciones estatales en el marco de la Ley del Sistema Nacional de Gestión de Riesgos (SINAGER).

En el **Capítulo I** se presentan el objetivo general y los objetivos específicos de la investigación, junto con la justificación para desarrollar la propuesta de este sistema de comunicaciones. La finalidad es mejorar la transmisión de información entre las unidades que participan en emergencias provocadas por fenómenos naturales. La propuesta se fundamenta en la necesidad de optimizar la coordinación y la respuesta en situaciones críticas, donde una comunicación rápida y confiable es decisiva para el éxito de las operaciones de rescate y apoyo.

El **Capítulo II** presenta el marco referencial, compuesto por el contexto, el marco teórico y el legal. Se recopilan las fuentes bibliográficas que respaldan el estudio de un sistema de comunicaciones digitales, se explican los conceptos clave del tema y se analiza el desarrollo de sistemas de comunicaciones digitales en otros países. También se exponen las teorías relacionadas con la radiocomunicación digital.

El **Capítulo III** describe el diseño de la investigación sobre un sistema de comunicaciones digitales. Aquí se detalla la población estudiada y la muestra, representada por especialistas en comunicaciones. Además, se presenta el plan de análisis de datos, con el objetivo de generar resultados que respondan a las preguntas de investigación.

El **Capítulo IV** presenta los resultados obtenidos de la entrevista realizada al personal especialista en comunicaciones, junto con el análisis e interpretación de esos datos, con el fin de responder a las preguntas de investigación.

El **Capítulo V** presenta una propuesta para implementar un sistema de comunicaciones digitales diseñado específicamente para Fuerzas Armadas.

Este sistema tiene como objetivo mejorar su capacidad de apoyo a las instituciones estatales, especialmente en situaciones de emergencia o gestión de riesgos. La propuesta se enmarca dentro de la Ley del Sistema Nacional de Gestión de Riesgos (SINAGER), que regula la coordinación y respuesta ante desastres naturales o crisis, buscando que las comunicaciones sean rápidas, seguras y eficientes para facilitar las operaciones de rescate y asistencia.

CAPÍTULO I. PLANTEAMIENTO DEL PROBLEMA

1.1   Antecedentes de la Investigación

La radiocomunicación es un elemento crítico durante el desarrollo de operaciones, tanto en el exterior como en las actividades de coordinación a nivel nacional. Además, es fundamental en la preparación de las unidades en el desarrollo de operaciones. La radiocomunicación se considera determinante, para garantizar la fluidez y el correcto intercambio de información, asegurando una comunicación eficiente en todo momento.

En **Honduras** (2003), el Comando Sur de los Estados Unidos desarrolló un estudio de la estructura de comunicaciones de Fuerzas Armadas de Honduras, encontrando limitaciones de interoperabilidad, comando y control descentralizado, falta de seguridad en la transmisión de datos con radios sin salto de frecuencias, proceso de transmisión muy lento, insuficiencia de radios en el nivel táctico, falta de repuestos para los radios, dependencia del sistema telefonía comercial. Concluyendo que es deficiente e inadecuado, para el desarrollo de operaciones de la institución.

El estudio reveló recomendaciones de la forma siguiente: En el nivel estratégico y operacional: Fibra óptica-microonda, email-web-base de datos, sistemas de teléfonos PBX, datos y voz cifrados, radios HF con ALE y repetidoras utilizando UHF/VHF. En el nivel táctico remplazo del equipo existente por repetidoras/radio remoto, HF con automatic link establishment (ALE), (establecimiento de enlace automático), que sean interoperables con la marina y radios multibanda UHF/VHF interoperables con la parte aérea.

Actualmente la institución cuenta con una red de radio de Alta Frecuencia, organizada de acuerdo a la doctrina jerarquizada; Terrestre, Aéreo, Marítimo y Orden Público. Las redes de radio a nivel estratégico emplean radio Harris, en el nivel operacional radios de Alta Frecuencia. En el nivel táctico presenta insuficiencia de equipo de radiocomunicación no así la Unidad del Orden Público, que cuenta con una red de radio análogo a nivel nacional. (Dirección C-6, 2013).

Figura No.1   **Fortalezas y Limitaciones del Sistema de Comunicaciones de Fuerzas Armadas.**

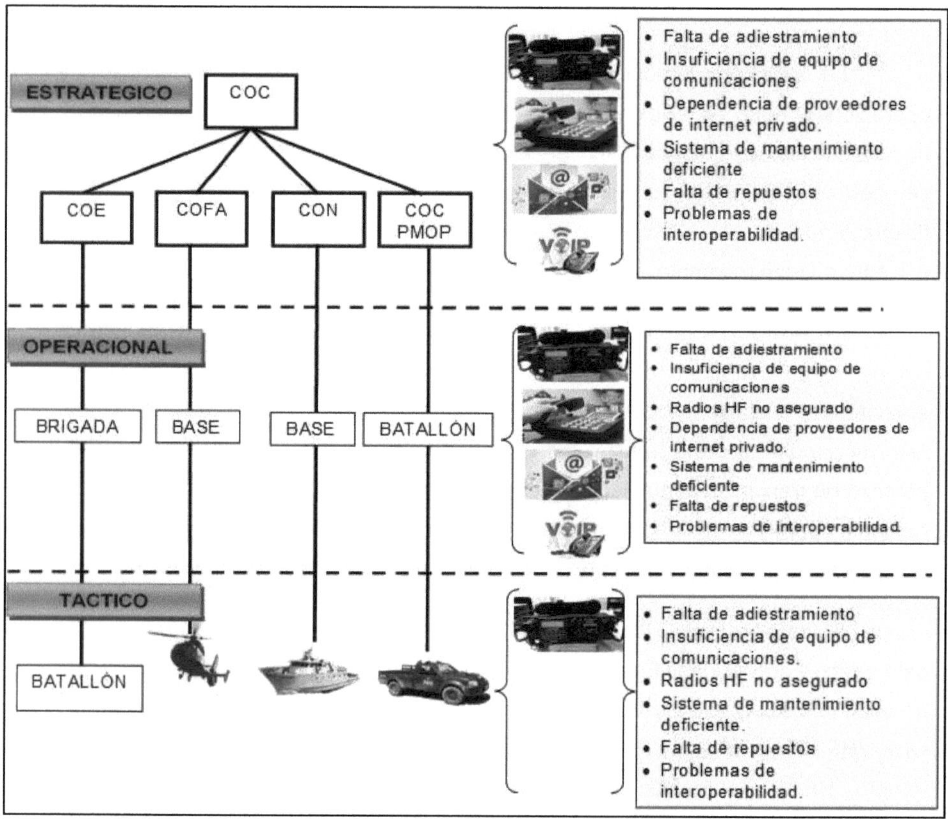

Fuente propia

En **Honduras** (2003), según la Universidad Complutense de Madrid en la construcción de mapas de riesgo define la vulnerabilidad como: "Susceptibilidad de la vida, propiedades y medio ambiente para ser dañados. en caso de catástrofe". Depende de la fragilidad tanto del medio natural, como de la población humana y de sus actividades. Normalmente identifica los grupos humanos y el uso de suelo sensibles

El mapa de riesgos, será el resultado de cruzar y combinar los mapas de exposición y vulnerabilidad. De esta manera, muestra el riesgo de las posibles pérdidas de vidas humanas, heridos, propiedades dañadas, o alteración de las actividades económicas derivadas de la acción del fenómeno naturales, en Honduras se clasifica en dos categorías:

Zonas de alta susceptibilidad a la inundación: son aquellas zonas cartografiadas (en el mapa geológico) como cuaternario aluvial, con pendientes inferiores o iguales al 2% y situadas hasta 3 metros de altura por encima del cauce de los ríos.

Figura No. 2   **Mapa de Exposición a Inundaciones en Honduras**

Fuente: Riesgos naturales

Zonas no inundables: el resto de zonas que no cumplen las condiciones de inundaciones; sin embargo, expuestas a deslizamientos de laderas desciende hasta ocupar total o parcialmente la zona aluvial, actuando a modo de embalse, el objetivo es mostrar los lugares que pueden provocar deslave y afectar las vías de comunicación o la población en sí. (UCM, 2003).

5

Figura No. **3**   **Mapa de Exposición a Deslizamientos de Ladera en Honduras**

Fuente: Riesgos naturales

1.2   Enunciado del Problema

Durante la temporada de invierno del año 2020, con el paso de los huracanes ETA e IOTA la zona norte del país fue desbastada. Fuerzas Armadas brindaron apoyo a las instituciones estatales en el marco de la Ley del Sistema Nacional de Gestión de Riesgos (SINAGER) con personal, equipos y materiales necesarios para las tareas de búsqueda, salvamento, rescate y reconstrucción. Cabe mencionar que los equipos de radiocomunicación de la institución y Radio Club de Honduras (Radioaficionados) fueron claves para mantener el control de las operaciones. Estos equipos operan en la banda de frecuencia alta (HF), con modalidad de amplitud modulada (AM), la cual es vulnerable a las condiciones meteorológicas.

La estructura de comunicaciones de Fuerzas Armadas, incluye sitios de repetición en varias partes del país, con equipos digitales que funcionan de manera analógica debido a la falta de enlaces de datos. Esta red depende de una infraestructura limitada frente a desastres naturales. **¿Cuenta Fuerza Armadas con un sistema de comunicaciones digitales adecuado, para la transmisión de información de las unidades empeñadas en operaciones de búsqueda, salvamento, rescate y reconstrucción?**

1.3   Preguntas de Investigación

1.3.1   ¿Fuerzas Armadas cuenta con un sistema de comunicaciones digitales, para apoyar las instituciones del Estado en emergencias causadas por fenómenos naturales?

1.3.2   ¿Cuáles son las capacidades de un sistema de comunicaciones digitales, para ser utilizado por las unidades militares?

1.3.3   ¿Cuáles son las características de un sistema de comunicaciones digitales?

1.3.4   ¿Es necesario el diseño de un sistema de comunicaciones digitales, para que Fuerzas Armadas apoye en emergencias causadas por fenómenos naturales?

1.4   Objetivo General

Elaborar una propuesta para un sistema de comunicaciones digitales eficiente, dirigido a Fuerzas Armadas, con el propósito de apoyar a las instituciones estatales, en el marco de la Ley del Sistema Nacional de Gestión de Riesgos (SINAGER)

1.5   Objetivos Específicos

1.5.1.   Analizar el sistema de comunicaciones de Fuerzas Armadas, empleado en emergencias causadas por fenómenos naturales.

1.5.2   Identificar las capacidades de un sistema de comunicaciones digitales, que pueda ser operado por unidades militares.

1.5.3   Establecer las necesidades de equipo de radiocomunicación, para las unidades de Fuerzas Armadas.

1.5.4   Diseñar una propuesta para un sistema de comunicaciones digitales eficiente, dirigido a Fuerzas Armadas, en apoyo a las instituciones estatales, en el marco de la Ley del Sistema Nacional de Gestión de Riesgos (SINAGER

1.6   Justificación de la Investigación

La presente investigación surge de la preocupación de Fuerzas Armadas, que apoya a las instituciones estatales en el marco de la Ley del Sistema Nacional de Gestión de Riesgos (SINAGER), en tareas de búsqueda, salvamento, rescate y reconstrucción, sin contar con un sistema de comunicaciones digitales resistente a las condiciones atmosféricas.

Actualmente la institución dispone de equipos de radiocomunicación militar y comercial como radios Harris, Motorola, Icom y Micom-3R entre otros. Además, cuenta con una red de repetidoras a nivel nacional con equipos digitales; sin embargo, su funcionamiento es analógico debido a la falta de enlaces de datos y dependen completamente del suministro de energía convencional.

1.7   Justificación Teórica

En la región centroamericana y a nivel nacional, existen instituciones que cuentan con sistemas de comunicaciones digitales, que disponen de fuentes de energía eléctrica primaria y alternativa. Además, tienen conexión de fibra óptica, microonda y enlaces satelital, complementados con la telefonía y radio satelital, son adecuados para la transmisión de información a las unidades que realizan tareas de búsqueda, salvamento, rescate y reconstrucción en zonas afectadas por desastres naturales.

La relevancia de este estudio radica en la propuesta de un sistema de comunicaciones digitales adecuado, que permita una transmisión de información eficaz a las unidades de Fuerzas Armadas durante emergencias causadas por fenómenos naturales.

1.8   Delimitación Espacial

La investigación se desarrolló en la ciudad de Tegucigalpa MDC, capital de Honduras, mediante entrevistas a oficiales, especialistas de comunicaciones y personal de instituciones estatales que manejan equipos de comunicaciones. Con el enfoque sobre un sistema de comunicación digital adecuado para apoyar las unidades de Fuerzas Armadas empeñados en emergencias causadas por fenómenos naturales.

1.9   Delimitación Temporal

La elaboración de esta monografía se llevó a cabo entre los meses de abril y julio del año 2021. Durante este periodo se recopiló la información bibliográfica para el marco referencial y se realizó el trabajo de campo, que incluyó entrevistas a especialistas en comunicaciones de Fuerzas Armadas y de instituciones del Estado. El proceso concluyó con la presentación de una propuesta para un sistema de comunicaciones digitales adecuado para las unidades empeñadas en desastres naturales.

CAPÍTULO II. MARCO DE REFERENCIA

Este capítulo presenta la revisión bibliográfica para una mejor comprensión del problema. Se explican los significados de términos importantes utilizados en la investigación. Además, el marco teórico describe las teorías aplicables al problema, mientras que el marco legal refuerza las políticas y leyes que regulan el uso de las frecuencias y equipos de comunicaciones en el país y en la institución.

2.1   Marco Contextual

2.1.1. Como reestablecer los servicios de telecomunicaciones en caso de desastres naturales.

Primeramente, es necesario entender los fenómenos naturales y como interactúa la sociedad mediante sus organizaciones e instituciones, habitantes y sector privado, para reducir los riesgos que estos provocan.

La República de China ha sufrido constantes golpes de la naturaleza, por lo cual han creado y mejorado los sistemas de respuesta ante situaciones catastróficas, de acuerdo al panorama y las necesidades de telecomunicaciones en momentos de desastres naturales, China conjuntamente con la Organización Internacional de Telecomunicaciones Marítimas por Satélite (INMARSAT) implementó dos canales de telecomunicaciones por satélite.

Latinoamérica no escapa de las catástrofes naturales, siendo recordado el año 2017, una considerable cantidad de desastres naturales. La falta de comunicación en el lugar del desastre no permitió las labores de rescate de manera oportuna. Por tal motivo es importante el diseño de estrategias para dar solución al problema de alta demanda del servicio de telecomunicaciones que se produce como consecuencia de los desastres naturales.

Las estrategias en comunicaciones radioeléctricas como el envío y recepción de correos electrónicos por medio de ondas de radio en las bandas de radioaficionados y uso de las telecomunicaciones satelitales, las cuales utilizan el medio de propagación de la atmósfera terrestre y cierta parte del espacio exterior, es decir, las diferentes capas de la atmósfera hasta llegar a la órbita geo síncrona que se encuentra ubicada a 36,000 kilómetros sobre el nivel del mar. Por ejemplo, los enlaces con Terminal de Apertura Muy Pequeña (VSAT), de punto a punto y multipunto (Vallejo y Reañez, 2017).

2.1.2. Como reestableció Japón los servicios de telecomunicaciones en la emergencia de desastres naturales.

En Japón (2011), El terremoto y tsunami, tuvieron un gran impacto en la infraestructura de las Tecnologías de Información y Comunicaciones (TIC's), con una considerable cantidad de equipo destruido como cables e interruptores de redes a las Bases Transceiver Station (BTS) por sus siglas en inglés de las redes móviles.

Con el objetivo de fortalecer la resiliencia de la infraestructura de comunicación, después de la catástrofe se implementaron diversas acciones entre las que destacan: Fortalecimiento de las comunicaciones satelitales, con la ayuda de La Unión Internacional de Telecomunicaciones (UIT) se desplegaron 153 equipos de comunicación satelital, para garantizar capacidad de respuesta en emergencias. Se aumento la capacidad de la batería y el combustible a las instalaciones que cubren edificios públicos.

El uso de medios multicapa de comunicación inalámbrica y por cable; por ejemplo, la utilización de los teléfonos satelitales y la radio de media frecuencia como medios alternativos de comunicación. Durante las situaciones de emergencia se destinó los recursos al máximo de la comunicación básica, para las operaciones de rescate y reconstrucción. (IFT, 2018).

2.1.3. Equipos de comunicaciones empleados en zonas de desastres naturales.

Los teléfonos satelitales han mostrado ser indispensables durante varios tipos de situaciones de emergencias. Por ejemplo, el terremoto İzmit en Turquía (1999), los ataques del 11 de septiembre, en Nueva York (2001), el terremoto de Kiholo Bay

(2006), el apagón en el noreste de Estados Unidos (2003), el huracán Katrina, el derrumbe del puente Minnesota (2007) y los terremotos en Chile y en Haití (2010).

Las antenas de telefonía celular y redes fueron dañadas por las catástrofes naturales y en algunas áreas no funcionaron en condiciones normales por la falta de cobertura. Sin embargo, los teléfonos satelitales son sensibles a la congestión cubriendo grandes áreas con pocos canales de voz, se volvió la solución confiable ante ese tipo de situación.

El presidente de la Comisión Federal de Comunicaciones (FCC) de Estados Unidos, dijo a los legisladores que la tecnología satelital, juega un papel clave en las actividades de socorro y casos de desastres naturales debido a la vulnerabilidad de la infraestructura de comunicaciones terrestres (Verasat, 2009).

2.1.4   Estudio de telecomunicaciones para emergencias en desastres naturales en Colombia.

El protocolo red nacional de telecomunicaciones de la Unidad Nacional de Gestión de Riesgos y Desastre (UNGRD), en Colombia describe lo siguiente: Objetivo general; Establecer un mecanismo activo que permita la ejecución y coordinación en cada una de las instituciones, para informar de las novedades diarias y las emergencias que están en desarrollo de la misma manera plantear las directrices y funciones en el compartimento de la información entre instituciones.

La efectividad se logra por medio de una sala de radio con la finalidad de compartir la información, para atender las calamidades públicas y desastres del país. Los servicios de telecomunicaciones incluyen Telefonía fija, Telefonía Celular, Internet, Mensajería Instantánea (BlackBerry, WhatsApp) Red de radio HF, VHF y UHF agregados al sistema de emergencia y con cobertura en el territorio nacional (UNGRD, 2013).

2.1.5.   El Proyecto la Winlink 2000, en caso de emergencias en desastres naturales en Costa Rica.

Costa Rica (2018), El Ministerio de Ciencia Tecnología y Telecomunicaciones (MICITT), el Benemérito Cuerpo Bomberos y Radio Club de Costa Rica, pusieron en marcha el proyecto llamado "Red de Telecomunicaciones de Emergencia Regional Alterna en la Región de Américas", el cual permitió la colaboración con los radioaficionados, en casos de emergencias cuando las redes tradicionales de telecomunicaciones desistan en funcionar.

La tecnología empleada en el proyecto es la Winlink 2000, que consiste en un sistema global para el envío y recepción de correos electrónicos por medio de ondas de radio en las bandas de radioaficionados. El proyecto fue gestionado por La Unión Internacional de Telecomunicaciones (UIT), organismo especializado de Naciones Unidas, para los países de la región representados por la Comisión de Telecomunicaciones Centroamericana (COMTELCA) (MICITT, 2018).

2.1.6. Estudio de los Lineamientos de la Agenda Digital de Honduras 2014-2018.

El estudio revela el plan nacional para el desarrollo de la banda ancha, entendida como acceso a internet de alta velocidad, combina la capacidad de conexión (ancho de banda) y la velocidad del tráfico de datos (expresada en bits por segundo), permitiendo a los usuarios acceder a diferentes contenidos, aplicaciones y servicios.

El objetivo del plan es incrementar la conexión de banda ancha entre los diferentes sectores de la sociedad hondureña, mediante la disponibilidad de infraestructura y una oferta de servicios adecuados que complemente las acciones de estímulo de la demanda a través de mercados que funcionen bajo condiciones de competencia y de intervenciones públicas en beneficio de grupos vulnerables de la población.

Los componentes comprenden: La elaboración del mapa de infraestructura de telecomunicaciones, Mejoramiento de las conexiones de internet alámbricas e inalámbricas que permitan acceso en cualquier parte del territorio nacional, Instalación de centros de acceso a internet de banda ancha dirigidos a las comunidades y área urbana, El desarrollo de aplicaciones digitales para estimular la adopción de TIC's. (SEPLAN, 2013).

2.1.9 Evaluación de la capacidad nacional de telecomunicaciones, para la respuesta a desastres naturales en Honduras.

Las telecomunicaciones de emergencia conforme a la normativa establecida en 1995, mediante el Decreto 185-95, La Comisión Nacional de Telecomunicaciones (CONATEL), es el organismo regulador de radiodifusión. El territorio se divide en dos zonas de cobertura telefónica; San Pedro Sula y Centro Sur, en el cual operan tres operadores de telefonía móvil que cubren 4.6 millones de móviles (cobertura de 85%). En la telefonía fija existen unos 23 operadores que cubren 800,000 líneas y el acceso a servicios internet es bajo, siendo utilizado por 3.3% de la población hondureña.

El sistema de telecomunicaciones reposa esencialmente sobre telefonía celular y una red de radioaficionados. El rol de CONATEL es coordinar la información sobre daños en telecomunicaciones, durante las emergencias, brinda comunicación gratuita y dispone de un número especial de emergencias (113), una frecuencia para circuitos oficiales (código 193) y tres enlaces asignados a La Comisión Permanente de Contingencias (COPECO).

Los servicios de emergencias que realiza COPECO y Bomberos son por medio del sistema de telefonía convencional y celular. Las comunicaciones radiales por HF son inexistentes y por VHF solo cubren el 30% del país. Sin embargo, existen otros actores que podrían proveer este recurso a través de convenios de la Cruz Roja Hondureña (Misión UNDAC, 2008).

2.1.10. Equipos de radiocomunicación, para emergencias en desastres naturales en Honduras.

La Comisión Permanente de Contingencias (COPECO), recibió de La Unión Internacional de Telecomunicaciones (UIT) a través de la Comisión Nacional de Telecomunicaciones (CONATEL), el equipo de radiocomunicación y software, para situaciones de emergencias en desastres naturales.

El equipo de comunicaciones consta de: radios HF, VHF, modem Pactar de SCS 1IV Dragón DR-7800, ordenador PC y batería de soporte, para el computador en caso de interrupción de energía eléctrica. El software es un sistema de transferencia de mensajes digitales entre radioaficionados de todo el mundo, el cual ofrece email clásico e intercambio de archivos adjuntos. Por ejemplo, mapas, configuración geográfica y gráficos meteorológicos.

El programa permite a las instituciones de primera respuesta trabajar durante las emergencias, enviar información a través de ondas de radio, en las bandas de alta frecuencia HF, cuando colapsen las comunicaciones telefónicas y digitales o exista interrupción del fluido eléctrico (Proceso Digital, 2018).

2.1.11. Sistema de Telecomunicaciones de la Policía Nacional de Honduras.

La Policía Nacional de Honduras a través de la Dirección de Telemática, coordina, organiza y tabula datos a través de unidades departamentales y metropolitanas de prevención a nivel nacional. El personal en su mayoría estudiantes universitarios, licenciados e ingenieros manejan los enlaces de microondas, comunicaciones y electrónica.

La Dirección de Telemática cuenta con un data center, una red de servidores de comunicaciones interoperables por medio de voz, VoIP, móviles terrestres integración de comunicaciones de RF, IP y fijas. Además, cuenta con una red de repetidoras a nivel nacional, facilitando la administración, monitoreo y ubicación por GPS de las unidades en tiempo real. (Proceso Digital, 2017).

2.1.12. Estructura de Comunicaciones de Fuerzas Armadas de Honduras.

La institución castrense adquiere ayuda militar con la firma de convenios de cooperación militar entre Honduras y Estados Unidos. Los primeros convenios se dieron en 1942, 1946 y 1950, los cuales sirvieron de base para el convenio de 1954, el cual se mantiene vigente hasta la fecha. En este convenio se establece el apoyo militar entre ambas naciones, en diferentes áreas como ser equipo de comunicaciones, adiestramiento y capacitaciones.

La institución realizó en el año 2007 un esfuerzo por obtener nuevo equipo de comunicaciones a través de compra de equipo a la Republica de la India, el cual incluyó equipos de comunicaciones de uso vehicular, portátil (Manpack) y base, con operación en las modalidades: HF, VHF, UHF, equipos de computadoras, monitores de servicio y estructuras para torres. Sin embargo, el equipo de comunicaciones no cumplió con las expectativas de la institución.

Honduras (2016), firma convenio de cooperación militar con la república de Israel, para adquirir equipos de comunicación como ser: radios vehiculares, Manpack y base en diferentes modalidades, equipos de comunicaciones compatibles con los existentes. La estructura de comunicaciones de Fuerzas Armadas comprende; personal capacitado, equipos de comunicaciones y redes de radiocomunicación.

Figura No. 4   **Sitios de Repetición de Comunicaciones**

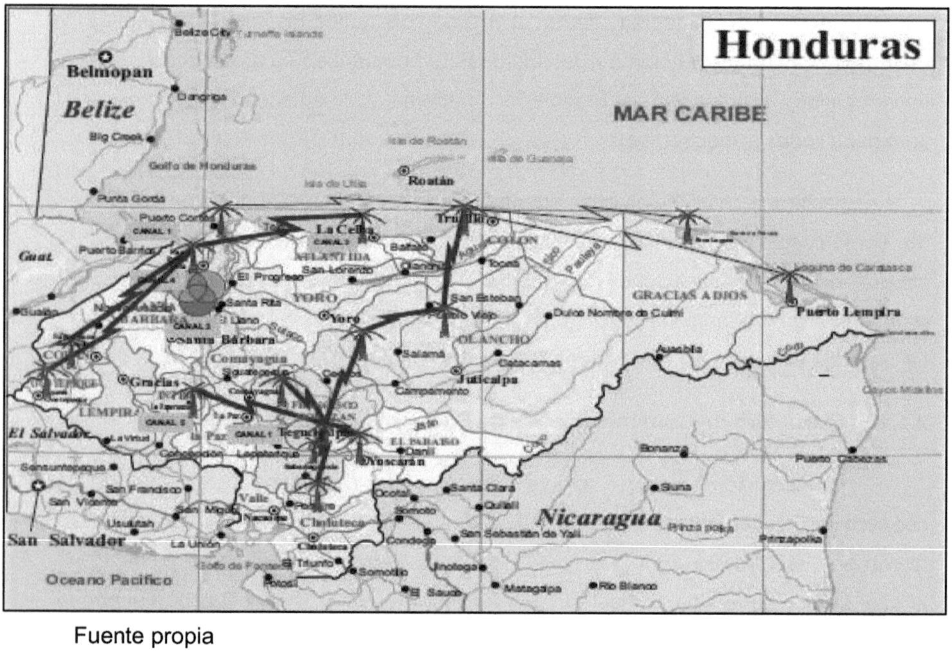

Fuente propia

Las Unidades del Orden Público, desde su creación en 2013, adquirió equipo de radiocomunicación analógico y digital en diferentes modalidades, los cuales funcionan de forma analógica con cobertura en las principales ciudades del país. (Dirección C-6, 2020).

2.2. Marco Teórico

2.2.1. Historia de Comunicaciones Digitales

Los sistemas de comunicaciones tienen sus orígenes en dos ramas; la ingeniería electrónica y las telecomunicaciones. Ambas, tienen como tarea principal la transmisión de mensajes digitales.

Claude Shannon, ingeniero electrónico y matemático estadounidense, tomó como base la electrónica para desarrollar el lenguaje digital. Su propuesta parte de las unidades básicas del concepto de información, definidas por dos estados: el "si" y el "no", el "0" y el "1", "abierto/cerrado", "verdadero/falso", "blanco/negro".

Las comunicaciones digitales se introdujeron en el periodismo, la mayoría de las cámaras y teléfonos análogos se convirtieron en sistemas de comunicaciones digitales; desarrollos tecnológicos que abrieron paso a una mejor interacción entre los seres humanos. Las imágenes, grabaciones de voz, vídeos, hipervínculos, blogs, entre otros; son elementos virtuales que han dado paso, para que las personas logren estar interconectadas. (UTEL, 2013).

2.2.2. Evolución de la radiocomunicación análoga a digital

La comunicación por radiofrecuencia ha evolucionado a la digitalización, la cual presenta ventajas inigualables para las empresas tanto en desempeño como en eficiencia. El sistema de radiocomunicación existió antes que los celulares y aún siguen siendo la mejor herramienta de coordinación que muestra prontitud. A diferencia de los dispositivos análogos los digitales proveen mejor calidad audio y respuesta inmediata, estos aparatos manejan datos, aplicaciones e interoperabilidad (Smartphone) por medio de la red.

La transferencia de datos es propia de los equipos digitales, mediante ella es posible conectar los equipos de radiocomunicación a la planta central, si llegará a ocurrir un problema, automáticamente alerta a todos los que están en la frecuencia, para que se ejecuten soluciones y se reanude la operación lo más pronto posible. Además, es posible tener una interacción inmediata con el usuario que desee, con una velocidad de respuesta más rápida que los equipos analógicos y el teléfono móvil.

La interoperabilidad que poseen los radios digitales amplía la posibilidad de conectarte con diferentes dispositivos como ser los teléfonos móviles (celular), mediante la aplicación Wave y los teléfonos fijos por Gateway, el cual es un punto de enlace para traducir información y llevarla de una red a otra. La cobertura en un sistema analógico depende de la instalación de sitios de repetición. En los sistemas digitales es posible a través de internet en el área local mediante radios y teléfonos móviles. En áreas extendidas por medio de antenas de repetición de mayor alcance (TNE, 2017).

2.2.3. Teoría de un modelo de comunicación digital

En España, La Universidad III de Madrid, Departamento de Señal de Teorías de Comunicaciones (DSTC); expone un modelo general de un sistema de comunicación digital, el cual muestra la transmisión de un único símbolo que permite analizar por separado y ordenadamente los distintos problemas involucrados en una comunicación digital.

La entrada a este modelo es un símbolo B que puede tomar uno de entre M valores posibles {bi, i=0, . . ., M−1}. También se puede decir que el símbolo B tiene un alfabeto {bi, i=0, . . ., M−1}. Suponiendo como hipótesis que la probabilidad de que aparezca a la entrada cada uno de los M posibles valores es la misma; esto es, Pr {B=bi} = pB (bi)=1/M, i=0, . . ., M−1.

El transmisor tiene como misión transformar este símbolo B en una señal s(t) que resulte adecuada para su envío a través del medio físico que representa el canal. Esta transformación se lleva a cabo en dos pasos, realizados por el codificador y el modulador. El codificador transforma el símbolo B en otro símbolo A haciendo la correspondencia bi$\to$ ai. El símbolo ai puede ser real, complejo o en general un vector N-dimensional de componentes reales de la forma.

El alfabeto de A, {ai, i=0, . . ., M−1}, recibe el nombre especial de constelación. El modulador transforma el símbolo A en una señal analógica en tiempo continuo s(t) haciendo la correspondencia ai$\to$ si(t). Suponiendo que cualquiera si(t) es idénticamente nula fuera del intervalo $0 \leq t < T$ y de energía finita.

El canal representa el medio físico de transmisión e introduce una perturbación sobre la señal transmitida s(t). Por ahora, se considera que la perturbación consiste en la adición de ruido blanco y gaussiano de densidad espectral de potencia N0/2 W/Hz. La señal a la entrada del receptor toma forma. (TSU, 2012).

Figura No. 5   **Modelo General de Radiocomunicación Digital**

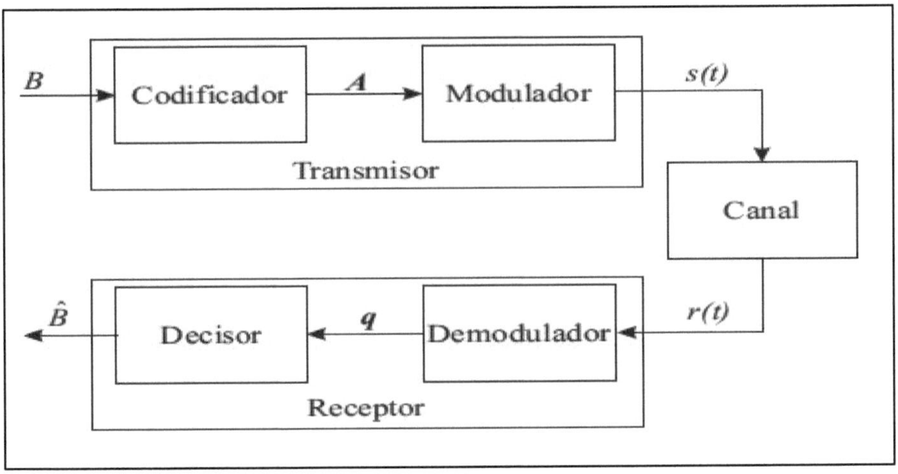

B
Codificador
A
Modulador
s(t)
Transmisor
Canal
B̂
Decisor
q
Demodulador
r(t)
Receptor

Fuente: Comunicaciones digitales

2.2.4. Modelos de enlace de un sistema satelital

Esencialmente, un sistema satelital consiste de tres secciones básicas: una subida, un transponder satelital y una bajada.

Subida; El componente principal de un sistema satelital, es el transmisor de la estación terrena, consiste en un modulador de Frecuencia Intermedia (IF), un convertidor de microondas de IF a radio frecuencia (RF), un amplificador de alta potencia (HPA) y algún medio para limitar la banda del espectro de salida (un filtro pasa-banda de salida). El HPA proporciona una sensibilidad de entrada adecuada y potencia de salida para propagar la señal al transponder del satélite.

Figura No. 6   **Modelo de Subida de un Satélite**

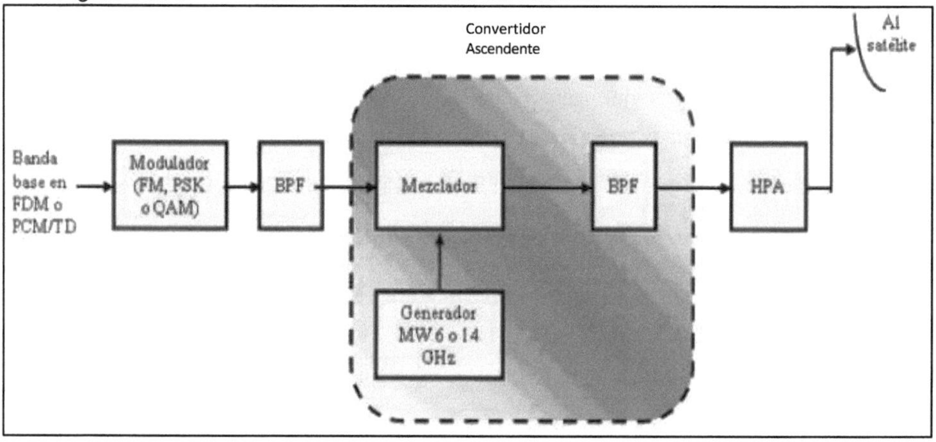

Fuente: Red de comunicaciones satelitales

Transponder; consta de un dispositivo para limitar la banda de entrada (BPF), un amplificador de bajo ruido de entrada (LNA), un translador de frecuencia, un amplificador de potencia de bajo nivel y un filtro pasa- bandas de salida. El transponder es un repetidor de radio frecuencia a radio frecuencia (RF).

El BPF de entrada limita el ruido total aplicado a la entrada del LNA (un dispositivo normalmente utilizado como LNA, es un diodo túnel). La salida del LNA alimenta un translador de frecuencia (un oscilador de desplazamiento y un BPF), que se encarga de convertir la frecuencia de subida de banda alta a una frecuencia de bajada de banda baja.

Figura No. 7   **Modelo de un Transponder de un Satélite**

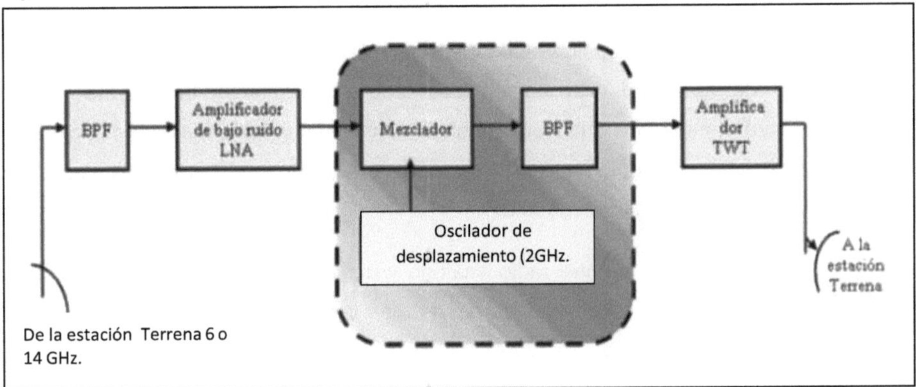

Fuente: Red de comunicaciones satelitales

Bajada; un receptor de estación terrena incluye un BPF de entrada, un LNA y un convertidor de RF a IF. El BPF limita la potencia del ruido de entrada al LNA. El LNA es un dispositivo altamente sensible, con poco ruido, tal como un amplificador de diodo túnel o un amplificador paramétrico. El convertidor de RF a IF es una combinación de filtro mesclado de pasa bandas que convierte la señal de RF a una frecuencia de IF. (Luis Andreula, 1996).

Figura No. 8   **Modelo de Bajada de un Satélite**

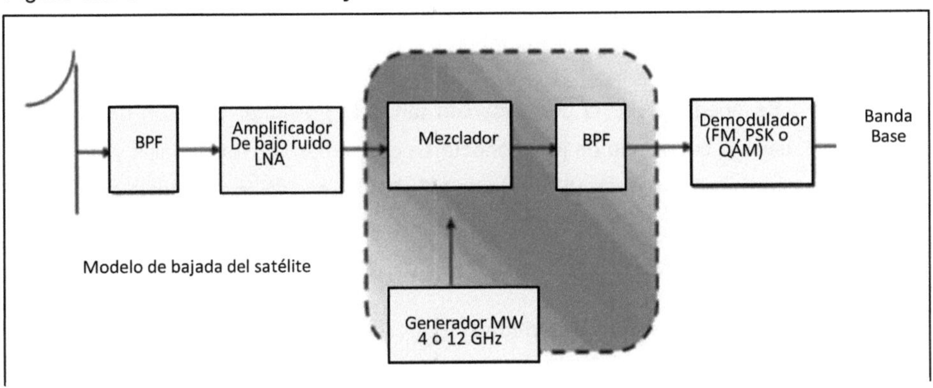

Fuente: Red de comunicaciones satelitales

2.2.5. Capacidades de las radiocomunicaciones digitales

La radiocomunicación es un elemento clave de las operaciones, los sistemas digitales de radiocomunicación de dos vías se presentan como una solución innovadora por sus funcionalidades y eficiencia. Amplían el abanico de posibilidades, en cuanto al seguimiento de las operaciones y la captura de datos, con dispositivos cada vez más amigables y robustos.

Las diferencias entre radio análogo y digital es la siguiente: Radio Análogo; solo tiene comunicación de voz, consume más batería, trasmisión de audio original puede ser afectado por el ambiente y estática, los botones responden solamente a la programación original, admite un usuario por canal, trabaja solo con equipos análogos. El radio digital; cuenta con aplicaciones, maximiza la vida útil de la batería, reduce ruidos ambientales y elimina la estática, la plataforma permite agregar más software, con los botones se expande la capacidad de programación, permite más usuarios y comunicación simultánea (Rubino, 2018).

2.2.6. La radiocomunicación satelital

Es un sistema de radio bidireccional que utiliza la red satelital y se utiliza como herramienta de comunicación en áreas remotas y aisladas donde no hay teléfonos móviles o infraestructura de red fija. Incluso si la infraestructura de la red terrestre queda inutilizable por desastres naturales.

Se puede iniciar la conversación tan solo presionar el botón de trasmisión (PTT), tiene la capacidad de interconectarse con radios convencionales y la telefonía IP por medio del sistema VoIP Gateway VE- PG4. Los radios satelitales operan en la banda C y Ku (4-8GHz o 12-18GHz y cuenta con un sistema encriptación AES-256 bytes (Verasat, 2009).

2.2.7. Sistema de interoperabilidad

En situaciones críticas como catástrofes naturales e inundaciones, los organismos e instituciones demandan de interacción entre sí. Sin embargo, sus sistemas de comunicaciones son diferentes, de este escenario emerge la interoperabilidad de las comunicaciones, para enfrentar la emergencia.

En la actualidad muchos países cuentan con diversos sistemas de comunicaciones de voz y datos con tecnologías como VHF, UHF, Tetra/DMR, Telefonía tradicional, Celular, Apple Watch y Telefonía satelital, los cuales se integran mediante los sistemas que admiten el Proyecto 25 (P25), así como otras tecnologías que pueden unirse, para realizar comunicaciones interoperables (Tendencia Satelital, 2015).

2.3. Marco Legal

2.3.1. Ley Internacional Reguladora de Frecuencias

El organismo regulador de frecuencias es la Unión Internacional de Telecomunicaciones (UIT) y las comunicaciones satelitales, es uno de los organismos internacionales más antiguos, fundado en 1865. Fue el primer convenio sobre telegrafía internacional, el cual dio paso al establecimiento de la Unión Internacional de Telegrafía, con el desarrollo de la telefonía a partir de 1876 y las comunicaciones inalámbricas en 1896. Con los inventos de Alexander Bell y los descubrimientos de Marconi, la Conferencia Internacional de Radiotelegrafía culminó 1906.

En 1932, se fusiona la Unión Internacional de Telegrafía y la Unión Internacional de Radiotelegrafía y resulta la UIT, la cual forma parte de las Naciones Unidas desde 1947. Su estructura consta de conferencias plenipotenciarias y mundiales, para gobernar las políticas internacionales y el desarrollo de las telecomunicaciones.

Los servicios de la UIT, están categorizados en: Servicios Fijos por Satélite (FSS), los Servicios Móviles por Satélite (MSS) y los Servicios de Difusión por Satélite (BSS o DBS). Además, los servicios aeronáuticos y de radioaficionados (Sylvia O, 1999).

2.3.2. Ley de la República de Honduras

La Constitución de la República de Honduras, en el Capítulo III, de los tratados, Artículo 15. Honduras hace suyos los principios y prácticas del derecho internacional que propenden a la solidaridad humana, al respeto de la autodeterminación de los pueblos, a la no intervención y al afianzamiento de la paz y la democracia universal. Honduras proclama como ineludible la validez y obligatoria ejecución de las sentencias arbítrales y judiciales de carácter internacional.

El Artículo 16. Todos los tratados internacionales deben ser aprobados por el Congreso Nacional antes de su ratificación por el Poder Ejecutivo. Los tratados internacionales celebrados por Honduras con otros Estados, una vez que entran en vigor, forman parte del derecho interno.

Artículo 17. Cuando un Tratado Internacional afecte una disposición constitucional, debe ser aprobado por el procedimiento que rige la reforma de la Constitución, simultáneamente el precepto constitucional afectado debe ser modificado en el mismo sentido por el mismo procedimiento, antes de ser ratificado el Tratado por el Poder Ejecutivo. Artículo 18. En caso de conflicto entre el tratado o convención y la ley, prevalecerá el primero. (Asamblea Nacional Constituyente, 1982).

2.3.3. Ley marco del sector de telecomunicaciones

El Título Primero de las disposiciones generales, Capítulo I, de las disposiciones generales; Artículo 1. La presente Ley establece las normas para regular en el territorio nacional los servicios de telecomunicaciones, comprendiéndose entre éstos toda transmisión, emisión o recepción de signos, señales, escritos, imágenes fijas, imágenes en movimiento, sonidos o informaciones de cualquier naturaleza por medio de transmisión eléctrica por hilos, radioelectricidad, medios ópticos, combinación de ellos o cualesquiera otros sistemas electromagnéticos.

El Capítulo III, de la propiedad y administración del espectro radioeléctrico; Artículo 9. El espectro radioeléctrico es un recurso natural de propiedad exclusiva del

Estado. El mismo está integrado por toda la gama de radiofrecuencias utilizables para las comunicaciones.

Artículo 11. La administración y control del espectro radioeléctrico corresponde a CONATEL, la que además tendrá a su cargo la comprobación técnica de las emisiones radioeléctricas y la cancelación de aquellas que no cumplan con los requisitos establecidos por esta Ley y sus reglamentos. (Poder Legislativo, 1995).

2.3.4. Ley Constitutiva de Fuerzas Armadas

El Título I, de los preceptos fundamentales, Capitulo Único, de los objetivos y de la integración; artículo 3. Para la consecución de sus fines, las Fuerzas Armadas se dedicarán esencialmente a su preparación, entrenamiento y demás funciones militares establecidas por la ley. Actuaran además como un factor de desarrollo del país, para lo cual cooperarán con el Poder Ejecutivo en las labores de alfabetización, educación, agricultura, conservación de los recursos naturales, vialidad, comunicaciones, sanidad, reforma agraria, situaciones de emergencia y otras similares, siempre que el servicio no sufra menoscabo.

El Capítulo XVIII, del Ejército Sección II, artículo 110. El Ejército está constituido por los oficiales, suboficiales, caballeros cadetes, soldados, y personal auxiliar, organizados en armas y servicios, así como por el armamento, equipo, materiales y demás muebles e inmuebles registrados en sus libros de propiedad e inventario. Artículo 111, son armas del Ejército: Infantería, Caballería, Artillería, Ingeniería de Combate y Comunicaciones.

La Sección III, de la organización, artículo 121. Son unidades de apoyo de combate: Unidades de Artillería, constituida por; Campaña y Antiaérea. Unidades de Ingeniería de Combate y Unidades de Comunicaciones (Congreso Nacional, 1985).

CAPITULO III. DISEÑO METODOLÓGICO

El presente capítulo establece el tiempo del estudio y define de manera clara el enfoque, el alcance y el diseño de la investigación. A continuación, se detalla la población objeto de estudio y el tamaño de la muestra. Seguidamente, se presenta el plan de análisis el cual se desarrolló a partir de los instrumentos de recolección de datos.

3.1. Definir el Enfoque de la Investigación

Este argumento busca definir de manera clara y compresible el enfoque de la investigación. En este caso se ha adoptado por un enfoque cualitativo para abordar el problema. Actualmente, se planea realizar una entrevista a personal especialista en sistemas de comunicaciones digitales, con el objetivo de generar información relevante que apoye la investigación.

El enfoque **cualitativo** se basa en la recolección y análisis de datos para refinar las preguntas de investigación o descubrir nuevas interrogantes durante el proceso de interpretación. (Hernández, 2014).

3.2. Definir el Alcance de la Investigación

De manera clara y comprensible el alcance de la investigación de un sistema de comunicaciones digitales, tiene un enfoque **descriptivo**, ya que se centra en analizar los fenómenos observados durante la investigación. Estos fenómenos serán evaluados para determinar cuál sería el sistema de comunicaciones digitales más adecuado para apoyar a Fuerzas Armadas en situaciones de emergencia causadas por fenómenos naturales.

3.3. Definir el Tipo de Investigación que realizó

De manera clara el tipo de investigación que se está llevando a cabo en la investigación sobre un sistema de comunicaciones digitales se basa en el conocimiento existente sobre el tema, según lo revela la literatura. Por lo tanto, **no es**

una investigación experimental, ya que no se realizan pruebas ni se manipulan variables. En su lugar, se enfoca únicamente en el análisis de los resultados obtenidos a través de los instrumentos de recolección de datos.

3.4. Definir el Diseño de la Investigación

El diseño de **investigación de acción** se utiliza para resolver problemas cotidianos e inmediatos y mejorar prácticas concretas. Su propósito principal es proporcionar información que guíe la toma de decisiones en programas, procesos y reformas estructurales. Para ello, se llevará a cabo una entrevista con especialistas en sistemas de comunicaciones digitales.

La investigación sigue un ciclo que comienza con la identificación del problema, lo que permite comprender a fondo a las personas involucradas, recolectar información y analizar los datos. Finalmente, se elaborará un reporte con un diagnóstico basado en el análisis de la información recopilada. (UCOL, 2020).

3.5. Definir las Fuentes de Investigación

Se emplearon fuentes primarias, como entrevistas a **especialistas en el área de comunicaciones** de instituciones y entidades gubernamentales, para obtener datos cualitativos que respaldan el análisis de un sistema de comunicaciones digitales adecuado, para apoyar a Fuerzas Armadas en emergencias causadas por fenómenos naturales.

Además, la investigación se apoya en fuentes secundarias, que se encuentran reflejadas en el marco referencial. Estas incluyen libros, estudios, revistas y sitios web, todos con información de hasta cinco años de antigüedad.

3.6. Diseño Muestral

El diseño muestral se refiere a los elementos clave relacionados con el objeto de estudio, la unidad de análisis y el proceso de muestreo en la investigación. En primer lugar, se define el universo o población del estudio. Luego, se especifica el método de muestreo que se utilizará. Finalmente, se establece el tamaño de la muestra necesaria para la recolección de datos.

3.6.1. Definir Objeto de Estudio, Unidad de Análisis y el Elemento de Muestreo.

El objeto de estudio de esta investigación es la **recopilación de datos** que permitan desarrollar un plan de acción como propuesta, para un sistema de comunicaciones digitales, destinado a apoyar a Fuerzas Armadas en situaciones de emergencia provocadas por fenómenos naturales.

La unidad de análisis será la **estructura de comunicaciones** de Fuerzas Armadas y entidades gubernamentales que manejan equipos de comunicaciones, como la Comisión Permanente de Contingencias (COPECO), Policía Nacional, Cruz Roja y Cuerpo de Bomberos de Honduras.

El elemento de muestreo estará conformado por el personal **especialista en comunicaciones** tanto en Fuerzas Armadas como de las entidades gubernamentales que han operado equipos de comunicaciones durante desastres naturales.

3.6.2. Definir Universo y Población de Estudio

El universo y la población de estudio de esta investigación están conformados por personal especialista en comunicaciones, que incluye tanto a oficiales de comunicaciones, tanto activos como en condición de retiro e ingenieros. También incluye al personal encargado de las comunicaciones en instituciones estatales y ONGs.

Cuadro No. 1   **Universo de la Población**

ÁREA DE ESTUDIO	PERFIL DEL CAMPO DE ESTUDIO	PERSONAL	CANTIDAD
Especialistas de comunicaciones de Fuerzas Armadas	Manejo de la estructura de comunicaciones.	Oficiales, Ingenieros y Técnicos	10
Especialista de comunicaciones de Fuerzas Armadas	Conocimiento y manejo de sistemas de comunicaciones	Oficiales, Ingenieros y Técnicos de la unidad insigne de FFAA.	3
Oficial de Comunicaciones en retiro	Experiencia sobre el manejo de comunicaciones	Oficiales y Técnicos	3
Área de comunicaciones de instituciones del Estado	Experiencia y manejo de telecomunicaciones.	COPECO, Policía Nacional, Cruz Roja y Bomberos	4
TOTAL			20

Fuente propia

3.6.3. Definir Método de Muestreo

Para la investigación sobre un sistema de comunicaciones digitales, se ha seleccionado un método de muestreo **no probabilístico**, debido a las limitaciones de tiempo y costo que implica el estudio.

3.6.4. Definir el Tamaño de la Muestra

El tamaño de la muestra se determinó considerando una población de 20 especialistas en comunicaciones y un margen de error permisible del 5%, con un nivel de confianza del 95%. Utilizando una calculadora muestral, se calculó que el número de personas a entrevistar debería ser de 19.

Tabla No. 1   **Tamaño de la Muestra**

Precisar Tamaño de Muestra

Nivel de Confianza: ◉ 95% ○ 99%

Intervalo de Confianza: `5`

Población: `20`

[Calcular]   [Borrar]

Tamaño de Muestra preciso: `19`

Fuente: Aplicación de muestras probabilística

3.7. Hipótesis

En los estudios cualitativos, las hipótesis juegan un papel diferente al de la investigación cuantitativa. A menudo, las hipótesis en estudios cualitativos no se establecen antes de comenzar la recolección de datos; en cambio, se generan durante el proceso de investigación y se ajustan a medida que se recopilan más datos. (Hernández, 2014).

Dado que el estudio del sistema de comunicaciones digitales se basa en un enfoque cualitativo, no se plantearon hipótesis de investigación iniciales.

3.8. Operacionalización de las Variables o Categoría de Análisis.

En el estudio sobre un sistema de comunicaciones digitales para el apoyo de unidades de Fuerzas Armadas en emergencias causadas por fenómenos naturales, se han identificado dos variables: una variable independiente y una variable dependiente. La **variable independiente**: es el sistema de comunicaciones digitales. La **variable dependiente**: es la efectividad del sistema de comunicaciones empleado en emergencias causadas por desastres naturales.

Cuadro No. 2   **Operacionalización de Variables**

OBJETIVOS	VARIABLES O CATEGORÍAS	CONCEPTO DE LA VARIABLE O CATEGORÍA		INDICADORES	PREGUNTAS DE LA ENTREVISTA
		TEÓRICO (CITADO)	OPERATIVO		
Analizar el sistema de comunicaciones de Fuerzas Armadas, empleado en emergencias causadas por fenómenos naturales.	Independiente	La estructura de comunicación es un concepto polisémico, dado que abarca el análisis de los elementos tanto principales, como subordinados, de la comunicación, así como también sus funciones (Tech, 2021)	Mediante el análisis, conocer la estructura de comunicaciones; tanto el personal como los equipos de hardware y software.	Tipos de equipos de comunicaciones.	Apoyan las preguntas de la entrevista: 1,2, 3 y 4.
				Equipos de comunicaciones especiales.	
				Personal capacitado.	
Identificar las capacidades de un sistema de comunicaciones digitales, para ser operado por las unidades militares		El sistema de comunicaciones digitales tiene la capacidad de recibir y transmitir utilizando el sistema binario (UNAL, 1996)	Conocer los aparatos que hacen posible la transmisión de la información de forma digital.	Alcance del equipo de comunicaciones.	Apoyan las preguntas de la entrevista: 7,8, 9 y 10.
				Eficiencia.	
				Sistema de energía alterna.	

Fuente propia

Operacionalización de Variables

OBJETIVOS	VARIABLES O CATEGORÍAS	CONCEPTO DE LA VARIABLE O CATEGORÍA		INDICADORES	PREGUNTAS DE LA ENTREVISTA
		TEÓRICO (CITADO)	OPERATIVO		
Establecer las necesidades de equipo de radiocomunicación de las unidades de Fuerzas Armadas.	Dependiente	Aparte del sistema binario comprende: enlace de datos (Enlace punto a multipunto, existe un punto central que se comunica con varios otros puntos remotos. (Cika, 2020)	Describir cada uno de los componen básicos que conforman un sistema de comunicaciones digitales.	Enumerar los componentes básicos del sistema de comunicaciones digitales; Hardware Software	Apoyan las preguntas de la entrevista: 5 y 6.

Fuente propia

3.9   Recolección de Datos

La recolección de datos sobre el estudio de un sistema de comunicaciones digitales, se realiza mediante las técnicas de análisis profundo, con el objetivo de obtener ideas y razonamientos que validen la investigación. Esto se logra principalmente a través de entrevistas, que permiten un entendimiento detallado de la profundidad del tema.

3.9.1. Técnicas de Recopilación de Datos

Las técnicas de recopilación de datos se llevan a cabo a través de entrevistas, las cuales se basan en un cuestionario o conjunto de preguntas preparadas. El objetivo es obtener información sobre los sistemas de comunicaciones digitales adecuados para las unidades involucradas en emergencias causadas por desastres naturales. (Ver Anexo No.1)

3.9.2. Validación del Instrumento de Recolección de Datos

La validación del instrumento de recolección de datos se realizó mediante una revisión exhaustiva por parte del **asesor temático y metodológico**, quien aprobó y validó el cuestionario. Las preguntas de la entrevista fueron elaboradas en función del objetivo general y los objetivos específicos del estudio. Para asegurar la confiabilidad del instrumento, se llevó a cabo una prueba piloto con personal especialista de comunicaciones de la unidad insignia de comunicaciones de Fuerzas Armadas, utilizando las plataformas Zoom y Google Forms.

3.10. Plan de Análisis

El plan de análisis consiste en recolectar y procesar los datos obtenidos de la población objetivo durante el trabajo de campo. Su finalidad es generar resultados basados en el análisis de los objetivos y las preguntas de investigación, proporcionando información clara y relevante, para responder a las interrogantes planteadas en el estudio.

El análisis de las entrevistas se presentará después de cada una de ellas. A continuación, se revisarán las variables, objetivos e hipótesis para encontrar respuestas mediante un análisis detallado de cada pregunta.

El propósito de este plan es analizar los resultados de las entrevistas y determinar el sistema de comunicaciones digitales más adecuado para apoyar a las unidades de Fuerzas Armadas empeñadas en emergencias causadas por fenómenos naturales.

CAPITULO IV. PRESENTACIÓN Y ANÁLISIS DE LOS RESULTADOS

Este capítulo describe los resultados obtenidos mediante la aplicación del instrumento de recolección de datos, que consistió en entrevistas con personal especialista en comunicaciones. Se incluyó a oficiales en retiro que anteriormente manejaron el sistema de comunicaciones de Fuerzas Armadas, así como al personal encargado de telecomunicaciones en instituciones estatales que manejas estos sistemas.

Los resultados de las entrevistas reflejan el conocimiento y la experiencia en comunicaciones del personal entrevistado. Esta información servirá de base para desarrollar un plan de acción, con la propuesta de un sistema de comunicaciones digitales adecuado para apoyar a las unidades de Fuerzas Armadas en emergencias causadas por fenómenos naturales. Además, se obtendrá las conclusiones y recomendaciones sobre el estudio realizado.

4.1. Análisis de resultados

Los resultados de la entrevista realizada al personal especialista de comunicaciones fueron suministrados por Google formularios en una hoja de cálculos de Excel, para posteriormente realizar el análisis e interpretación de resultados.

Tabla No. 2   **Sistemas de Comunicaciones Digitales**

		Frecuencia	Porcentaje	Porcentaje Válido
Válido	Si	8	42.11%	42.11%
	No	11	57.89%	57.89%
	Total	19	100%	100%

Gráfico No. 1   **Sistema de Comunicaciones Digitales**

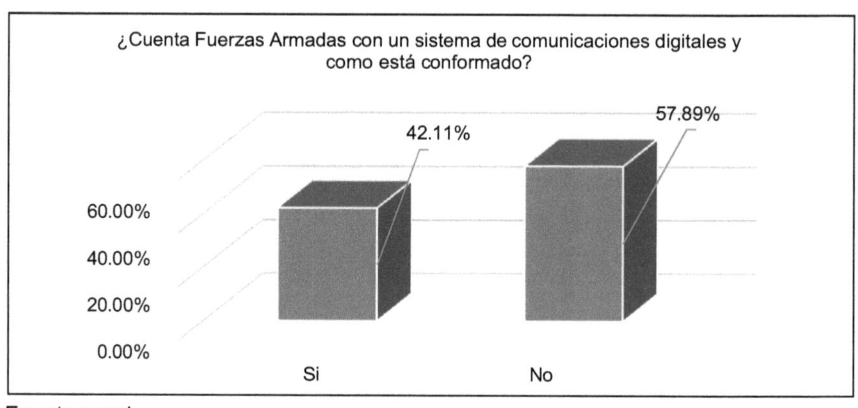

Fuente propia

Interpretación y análisis de resultados: De la muestra entrevistada el 42.11% manifiesta que Fuerzas Armadas cuenta con un sistema de comunicaciones y el 57.89% responde que la institución solamente tiene una estructura conformada por personal y equipos de comunicaciones.

La institución cuenta con una estructura de personal y equipos, sin embargo, estos no están adecuadamente integrados en un sistema de comunicaciones cohesivo, lo que podría implicar la necesidad de mejorar la integración y coordinación de los equipos de comunicaciones digitales.

Tabla No. 3   **Otros Medios de Comunicaciones Digitales**

		Frecuencia	Porcentaje	Porcentaje Válido
Válido	Telefonía satelital	7	36.84%	36.84%
	Telefonía celular	4	21.05%	21.05%
	Otros	8	42.11%	42.11%
	Total	19	100%	100%

Gráfico No. 2   **Otros Medios de Comunicación Digital**

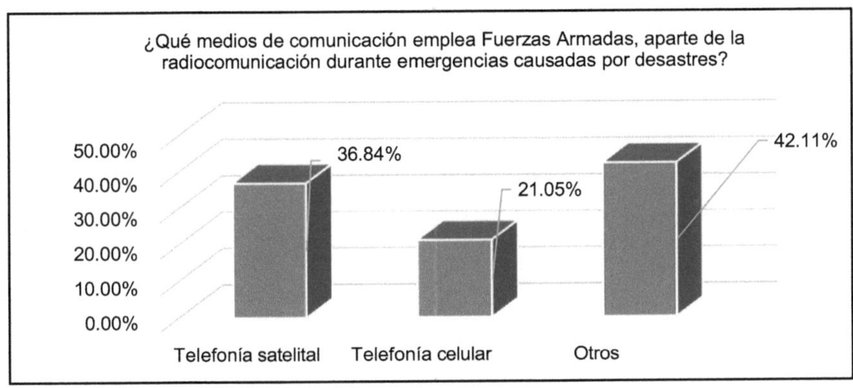

Fuente propia

Interpretación y análisis de resultados: Del personal entrevistado el 36.84% manifiesta que hacen empleo de la telefonía satelital, 21.05% el uso de la telefonía celular personal y un 42.11% emplean otros medios como ser telefonía IP y correos electrónicos.

Según la experiencia de las instituciones de rescate y reconstrucción en países de Latinoamérica el envío y recepción de información durante los fenómenos naturales es por medio de ondas de radio en las bandas de radioaficionados y telecomunicaciones satelitales (Radio y teléfono satelital). Indicando la necesidad de una estrategia más unificada para optimizar el uso de estos recursos.

Tabla No. 4   **Personal Idóneo de Comunicaciones**

		Frecuencia	Porcentaje	Porcentaje Válido
	Si	14	73.68%	73.68%
Válido	No	5	26.32%	26.32%
	Total	19	100%	100%

37

Gráfico No. 3   **Personal Idóneo de Comunicaciones**

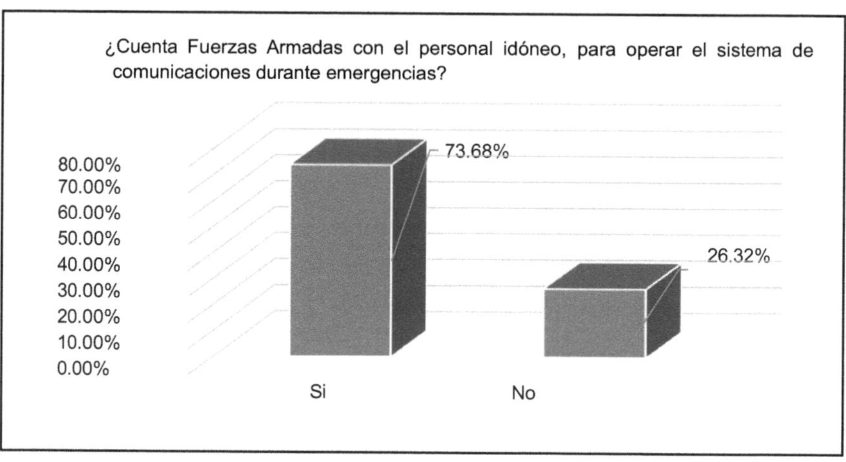

Fuente propia

Interpretación y análisis de resultados: Del personal entrevistado manifiestan que 73.68% el personal es el idóneo (Especialista, técnico y operador) un 26.32% responde que el personal le falta entrenamiento.

La estructura de comunicaciones de Fuerzas Armadas, cuenta con el recurso primordial, personal capacitado según las categorías de oficiales de comunicaciones, ingenieros, técnicos y operadores realizando las tareas de instalar operar y mantener operativos las diferentes redes de comunicaciones de la institución.

Tabla No. 5   **Equipos de Comunicaciones de Unidades de Rescate.**

		Frecuencia	Porcentaje	Porcentaje Válido
Válido	Si	5	26.32%	26.32%
	No	4	21.05%	21.05%
	No cuentan con equipos de comunicaciones	10	52.63%	52.63%
	Total	19	100%	100%

Gráfico No. 4   **Equipos de Comunicaciones Unidades de Rescate**

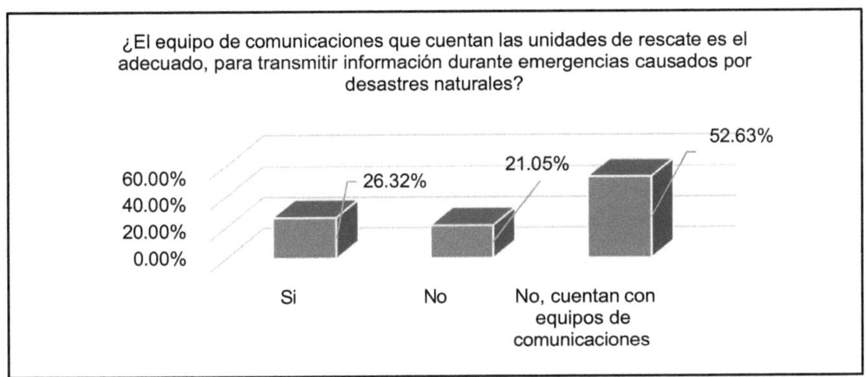

Fuente propia

Interpretación y análisis de resultados: Del personal entrevistado manifiesta que un 26.32% el equipo de comunicaciones es adecuado, un 21.05% responde que no es adecuado y 52.63% refleja que las unidades de rescate no cuentan con equipos adecuados, para realizar tareas de rescate y reconstrucción.

La mayoría de unidades de rescate no están adecuadamente equipadas para enfrentar desastres naturales en términos de comunicación. Esto subraya la importancia de implementar mejoras en las infraestructuras de comunicaciones, para asegurar respuestas más eficientes y salvar vidas durante las emergencias.

Tabla No. 6   **Elementos de un Sistema de Comunicaciones Digitales**

		Frecuencia	Porcentaje	Porcentaje Válido
Válido	Enlace de datos	10	52.63%	52.63%
	Radios	4	21.05%	21.05%
	Repetidoras	3	15.79%	15.79%
	Otros	2	10.53%	10.53%
	Total	19	100%	100%

Gráfico No. 5   **Elementos de un Sistema de Comunicaciones Digitales**

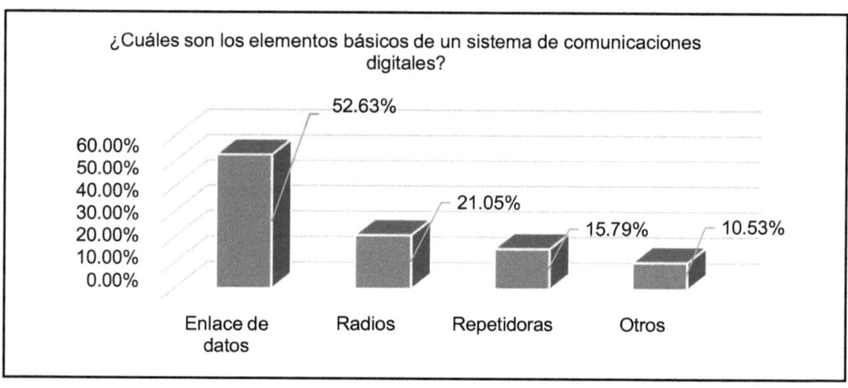

Fuente propia

Interpretación y análisis de resultados: El personal entrevistado manifiesta que un 52.63% es el enlace de datos, un 21.05% los radios, un 15.79% sistema de repetidoras y un 10.53% otros elementos. Los elementos en un sistema de comunicaciones digitales dependen que tan complejo sea, sin embargo, hay unos que son fundamentales como ser el enlace de datos.

Los enlaces de datos son propios de los equipos digitales al igual que la interoperabilidad de las redes, es por eso que la mayoría de especialistas manifiestan la modernización de los sistemas de comunicaciones, lo que refleja una preferencia por las tecnologías digitales que ofrecen una mayor capacidad de transmisión y flexibilidad.

Tabla No. 7   **Características Principales de un Sistema de Comunicaciones Digitales.**

		Frecuencia	Porcentaje	Porcentaje Válido
Válido	Energía alterna	5	26.32%	26.32%
	Infraestructura	4	21.05%	21.05%
	Resistente a fenómenos atmosféricos	3	15.79%	15.79%
	GPS	3	15.79%	15.79%
	Otros	4	21.05%	21.05%
	Total	19	100%	100%

Gráfico No. 6   **Características Principales de un Sistema de Comunicaciones Digitales.**

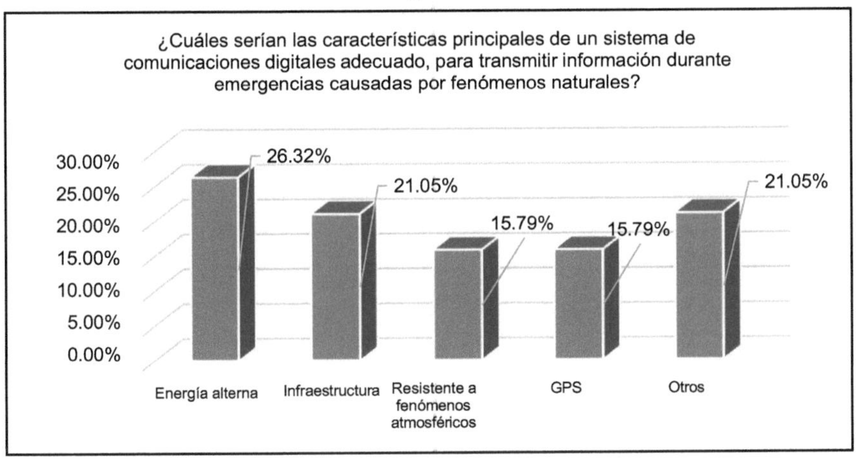

Fuente propia

Interpretación y análisis de resultados: Los entrevistados responden que un 26.32 % La energía alterna es una característica importante, un 21.05% la infraestructura, un 15,79% resistencia a los fenómenos atmosféricos y 21.05% otras características.

La mayor parte de entrevistados valora la capacidad del sistema de comunicaciones de mantenerse operativo en situaciones de emergencia, destacando la necesidad de energía alterna y resistencia a fenómenos atmosféricos como características críticas. Esto refleja una clara preocupación por la durabilidad y autonomía del sistema.

Tabla No. 8   **Radiocomunicación Eficiente en Fenómenos Naturales.**

		Frecuencia	Porcentaje	Porcentaje Válido
Válido	Si	7	36.84%	36.84%
	No	12	63.16%	63.16%
	Total	19	100%	100%

Gráfico No. 7   **Radiocomunicación Eficiente en Fenómenos Naturales.**

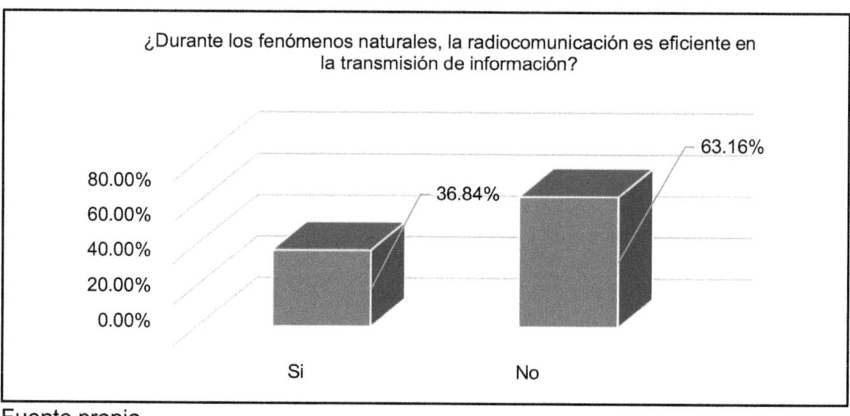

Fuente propia

Interpretación y análisis de resultados: El personal entrevistado responde que 36.84% si es eficiente, sin embargo, el 63.16% responden que no es efectiva debido que es afectada por las condiciones meteorológicas.

Los sistemas de comunicaciones digitales durante los fenómenos naturales, pierden la capacidad de mantenerse operativos por la dependencia de la infraestructura. Es importante mejorar y complementar los sistemas actuales con redes de comunicaciones persistente a las condiciones atmosféricas, forzosamente dependiente del espacio exterior.

Tabla No. 9　　　**Alcance del Sistema de Comunicaciones Digitales**

		Frecuencia	Porcentaje	Porcentaje Válido
Válido	Nacional	5	26.32%	26.32%
	Regional	9	47.37%	47.37%
	Local	1	5.26%	5.26%
	Otros	4	21.05%	21.05%
	Total	19	100%	100%

Gráfico No. 8　　**Alcance del Sistema de Comunicaciones Digitales**

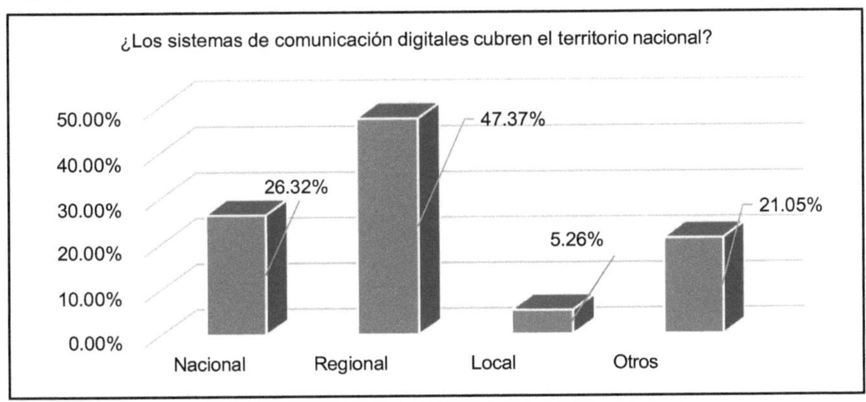

Fuente propia

Interpretación y análisis de resultados: Los entrevistados manifiestan que un 26.32% cubre el territorio nacional, un 47.37% regional, un 5.26% local y un 21.05% otros. La mayor parte responde que los sistemas de comunicaciones digitales se compartimentan y se orientan donde se concentra la población.

La institución, cuenta con una red analógica, conformada por repetidoras convencionales, en los sitios más importantes del país, la cual presenta deficiencia en enlaces de datos, dicha red depende de la infraestructura limitada frente a fenómenos causados por desastres naturales. El funcionamiento de la red de radio es regional y tiene cobertura en las principales ciudades del país.

Tabla No. 10   **Energía Alterna.**

		Frecuencia	Porcentaje	Porcentaje Válido
	Si	9	47.37%	47.37%
Válido	No	10	52.63%	52.63%
	Total	19	100%	100%

Gráfico No. 9   **Energía Alterna.**

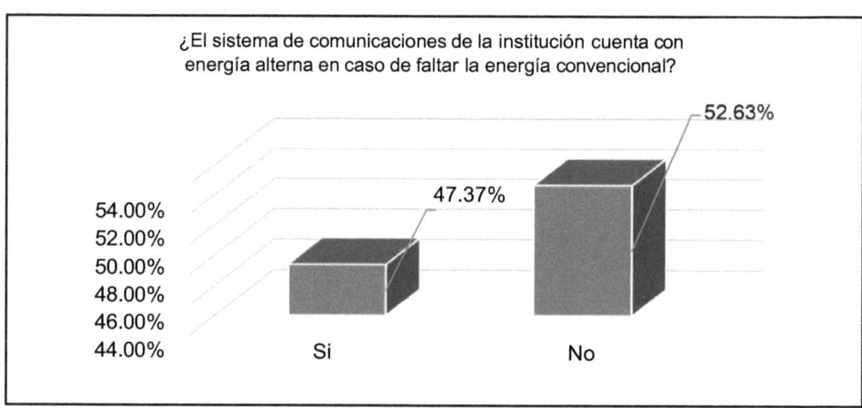

Fuente propia

Interpretación y análisis de resultados: El personal entrevistado responde que el 47.37% cuenta con energía alterna en los centros de transmisiones y un 52.63% manifiestan que los sitios de repetición y centros de trasmisiones no cuentan con energía alterna, para mantener operativos los equipos de comunicaciones.

Además, de los enlaces de datos en un sistema de comunicaciones digitales, la infraestructura se considera persistente cuando cuenta con energía alterna, la cual sirve para mantener operativos los equipos de comunicaciones cuando la energía convencional colapsa o presenta problemas de estabilidad.

Tabla No. 11   **Sin comunicación**

		Frecuencia	Porcentaje	Porcentaje Válido
Válido	Teléfono satelital	7	36.84%	36.84%
	Radiocomunicación	9	47.37%	47.37%
	Ninguno	3	15.79%	15.79%
	Total	19	100%	100%

Gráfico No. 10   **Sin Comunicación**

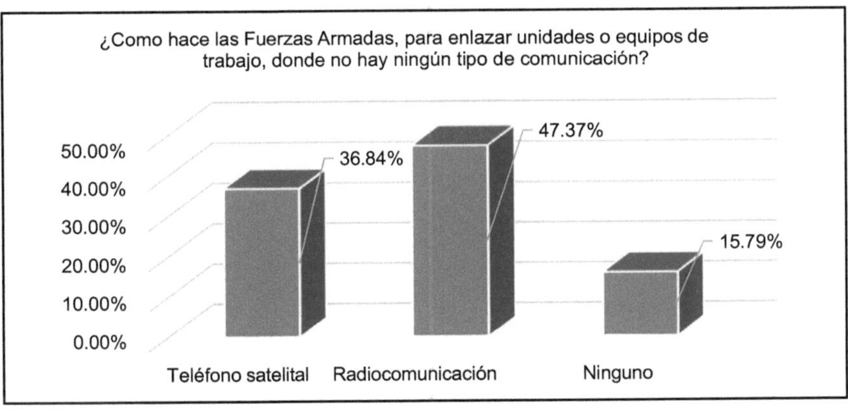

Fuente propia

Interpretación y análisis de resultados: Los entrevistados manifiestan que un 36.84% emplean teléfono satelital, un 47.37% radiocomunicación y un 15.79% no cuentan con ningún medio de comunicación.

Cuando las antenas de la telefonía celular no cubren áreas remotas, una solución confiable es el empleo de telefonía satelital, esta solución se vuelve vital en las actividades de socorro. La radiocomunicación es funcional sin embargo depende de la infraestructura de comunicaciones, la cual se fracciona en emergencias caudadas por fenómenos naturales.

CAPITULO V. PROPUESTA

Presenta el diseño de una propuesta con capacidades y características más importantes del sistema de comunicaciones digitales. En esta propuesta, la institución selecciona el modelo adecuado de equipo de comunicaciones (Hardware y Software), para transmisión de información a las unidades empleadas en tareas de búsqueda, salvamento, rescate y reconstrucciones causadas por fenómenos naturales.

5.1. Objetivo General

Presentar una propuesta para un sistema de comunicaciones digitales adecuado que permita al mando identificar las capacidades necesarias, para una transmisión eficaz de información a las unidades empeñadas en apoyo a las instituciones estatales, dentro del marco legal del Sistema Nacional de Gestión de Riesgo (SINAGER).

5.1.1. Objetivos específicos

5.1.2. Describir las características, ventajas y desventajas de un sistema de comunicaciones digitales.

5.1.3. Presentar el diseño del sistema de comunicaciones digitales y los sitios de repetición a nivel nacional.

5.1.4. Determinar la distribución por unidades y el valor del equipo de radiocomunicación (hardware y software) que integra un sistema de comunicaciones digitales.

5.2. Desarrollo de la propuesta

La propuesta tiene como objetivo fortalecer el campo de las comunicaciones para que las unidades de Fuerzas Armadas, dedicadas a tareas de búsqueda, salvamento, rescate y reconstrucción, implementen un sistema de comunicaciones digitales adecuado. Este sistema debe contar con las capacidades necesarias para transmitir información de manera eficaz durante emergencias causadas por desastres naturales. Asimismo, busca mejorar la estructura actual de comunicaciones, integrando los equipos de radiocomunicación, para optimizar las diversas redes de comunicación con las que cuenta la institución.

5.2.1. Describir las Características, Ventajas y Desventajas de un Sistema de Comunicaciones Digitales.

Centro de Mando Principal y Alterno; Es el cerebro de la solución tecnológica a implementar, allí se desarrollan los procesos de comunicaciones digitales. El sitio de mando principal deberá estar instalado en un lugar que reúna las condiciones de una sala de comunicaciones. El sitio de mando alterno es un espejo de vital importancia ante la posible falla del sitio principal por cualquier inconveniente externo, garantiza la disponibilidad de comunicaciones en todo momento.

Equipos de Radiocomunicación; incluye los equipos de radios suscriptores, los que serán utilizados por el usuario final. Es la herramienta diaria del personal operativo; cada uno de estos cuentan con las licencias que garantizan la seguridad en las comunicaciones, privadas entre elementos de la institución y las diferentes unidades.

Sistema de Radio Satelital; estos equipos de radiocomunicación satelital son utilizados por el personal en zonas aisladas donde no existe ningún tipo de comunicación. Estos equipos tienen la ventaja de tener comunicaciones amplias en todo el espacio terrestre, aéreo y marítimo por medio comunicación del espacio exterior (satélite).

Sistema de Telefonía Digital; Este rubro está compuesto por teléfonos orientados a la seguridad; cuenta con las características de un dispositivo inteligente convencional más las características de un radio de comunicaciones, lo que permite la comunicación directa con el personal a cargo y a la vez la posibilidad de realizar acciones de un dispositivo celular.

Sistema de Repetidoras; Estos equipos son el cerebro de los sitios de repetición. El sistema de repetidoras es el vínculo entre los radios de comunicación del personal y el sitio principal; el número de repetidoras seleccionado por sitio es base al nivel de utilización de canales que se utilizarán en las distintas regiones del país. Estas repetidoras estarán instaladas a lo largo y ancho del país, en cada uno de los sitios de repetición propuestos, incluye repetidoras móviles terrestres y en las embarcaciones.

Sistema de Mando y Control; La coordinación centralizada es la clave para una fuerza de trabajo eficiente. Es por ello que es tan importante contar con una solución de sala de control en su sistema de radios de dos vías. Es una solución basada en la funcionalidad de despacho tradicional con herramientas empresariales críticas como ubicación y seguimiento, grabación de voz y monitoreo de sistemas. El sistema de mando y control es una solución personalizable y flexible que ofrece exactamente lo que necesita para administrar la información de manera confiable y eficiente.

Infraestructura, Obras y Mantenimiento; El proyecto de comunicaciones digitales conlleva infraestructura, para la instalación de equipos de radiocomunicación, desde la construcción, remodelación y mejoras de casetas que cumplan con los requerimientos técnicos de comunicaciones con sistemas de respaldo de energía solar.

Servicios de Instalación; Es necesario que el personal encargado de la configuración, programación y gestión del proyecto tenga las capacidades necesarias para tener un buen resultado. Este rubro comprende los servicios de ingeniería necesarias para la instalación de los equipos en los distintos sitios de repetición y sitio de mando principal y alterno.

Software del Sistema; Este punto es clave, debido a que garantiza que el sistema, una vez puesto en marcha, se mantenga en las condiciones ideales, para que el personal de operación de los equipos de radiocomunicación no tenga inconvenientes al momento de su empleo. Este servicio es proporcionado por personal calificado del fabricante.

Enlaces de Datos: para sitios de repetición, sitio de mando principal y alterno. El sistema de comunicaciones troncalizadas, necesita conexión de datos por microonda, fibra óptica o satelital. Este servicio realiza el enlace entre sitios de repetición a lo largo y ancho del país, brindando información de control, voz y datos hacia el sitio principal y alterno.

Adiestramiento del Personal; El sistema de comunicaciones digitales es complejo y amplio, por lo que es necesario que el personal de la institución sea capacitado por parte del fabricante, para sostener la operaciones y mantenimiento del sistema de radiocomunicación.

Cuadro No.3 **Características, Ventajas y Desventajas del Sistema de Comunicaciones Digitales.**

No.	DESCRIPCIÓN
	CARACTERÍSTICAS
1	**Reproducibilidad;** Los circuitos digitales tienen la capacidad de resistir a pequeñas imperfecciones.
2	**Programabilidad;** Cambios de especificación algorítmica o paramétrica en la memoria digital.
3	**Tiempo compartido;** Un circuito procesador digital se puede usar para señales múltiples.
4	**Pruebas automáticas;** La información es digital se puede probar rutinariamente y comparar resultados con patrones en memoria.
5	**Versatilidad;** Desempeño de múltiples funciones mediante el procesamiento de señales digitales.
	VENTAJAS
1	**Integración de múltiples servicios;** La comunicación digital permite transmitir datos, imágenes, voz, video y cualquier tipo de mensaje que pueda digitalizarse.
2	**Corrección de errores;** A través de la aplicación de algún método de corrección de errores.
3	**Multiplexado;** Es posible transmitir distintos mensajes compartiendo el mismo medio de transmisión.
4	**Conmutación;** Puede comunicar dos dispositivos utilizando la misma infraestructura de comunicaciones, sin necesidad de estar conectados permanentemente.
5	**Menor tamaño;** Los dispositivos basados en sistemas digitales tienden a hacerse cada vez más pequeños.
6	**Precisión;** Como los sistemas digitales solo admiten valores discretos, son mucho más precisos.

7	**Estabilidad;** Los sistemas digitales son menos susceptibles al ruido, es decir, a todas las posibles perturbaciones de la señal.
DESVENTAJAS	
1	**Conversión;** La naturaleza de las variables físicas es analógica (sonido, temperatura, distancia, peso) por lo tanto, es necesario usar un conversor para transformarlas en datos digitales.
2	**Ancho de banda;** La transmisión de señales en un sistema digital requiere de un ancho de banda mucho mayor que un sistema analógico.
3	**Alteración;** Los sistemas digitales pueden alterarse o manipularse con relativa facilidad con respecto a los analógicos.
4	**Almacenamiento;** La información requiere de grandes cantidades de memoria cada vez más

Fuente: Introducción a las comunicaciones electrónicas.

5.2.2. Presentar el Diseño del Sistema de Comunicaciones Digitales y los Sitios de Repetición a Nivel Nacional.

Figura No. 9   **Diseño del Sistema de Comunicaciones Digitales**

Fuente propia

Figura No. 10   **Croquis de Sitios de Repetición a Nivel Nacional**

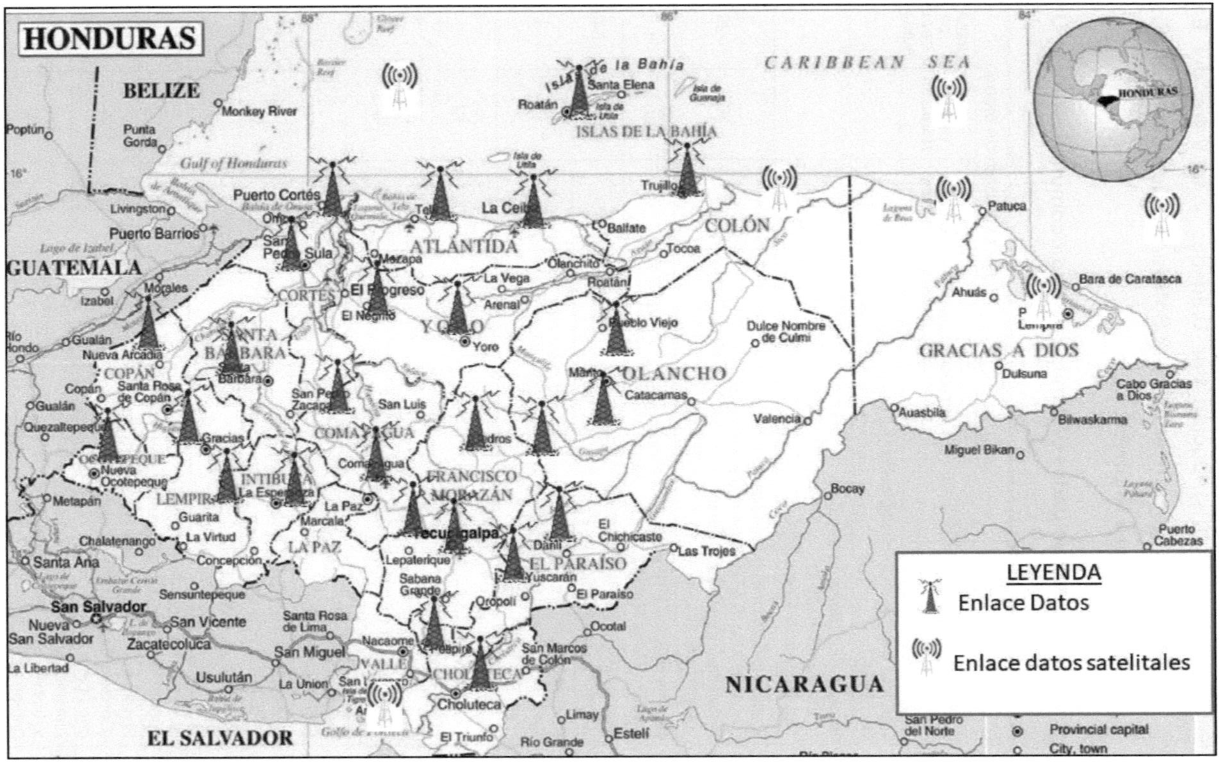

Fuente propia

53

5.1.5. Determinar la Distribución por Unidades y el Valor del Equipo de Radiocomunicación (Hardware y Software) que Integra un Sistema de Comunicaciones Digitales.

Cuadro No. 4   **Necesidades de Equipo de Radiocomunicación por Unidades**

No.	DESCRIPCIÓN DEL EQUIPO	NECESIDADES POR UNIDAD					
		ESTADO MAYOR	UNIDAD TERRESTRE	UNIDAD AEREA	UNIDAD MARITIMA	UNIDADE DE ORDEN PUBLICO	TOTAL
1	Servidor central sistema, ubicado en el EMC.	1					1
	Backus Site (Sistema espejo o respaldo) ubicado en Siguatepeque, Comayagua.		1				1
2	Radios Bases UHF (Licencia Capacity Max Radio, Equipo de instalación (antenas, cables, conectores, etc.)	35	70	15	30	20	170
	Radios Móviles UHF (Licencia Capacity Max Radio)	30	150	25	40	100	345
	Radios Portátil UHF (Licencia Capacity Max Radio)	180	540	150	180	545	1595
3	Radios Satelitales Portátil IC-SAT100 (Dispositivo suscripción anual IC SAT100)	2	14	8	12	2	38
	Radios Satelitales Portátil IC-SAT100M (Dispositivo suscripción anual IC SAT100M)	1	10	7	12		30
4	Dispositivos de mano Lex L11 y Licencias Wave para Lex 11, durante un año)	10	24	8	8	2	50
5	Repetidoras RPT SLR-8000 (Con 6 RPT en un sitio)	4					4
	Repetidoras RPT SLR-8000 (Con 4 RPT en cada sitio)	23					23
	Repetidoras móviles RPT SLR-8000 (Móvil enlace satelital)	2			4		6
	Repetidoras móviles RPT SLR-8000 (Vehicular, sin vehículo)		5				5
6	Sistema de mando y control (Consola de despacho, control y geo ubicación)	2	7	5	5	2	21
7	Sistema Interoperabilidad para VHF-HF- UHF y CELULAR (Integración de varios y diferentes medios de Cmnes).	1	3	2	2	2	10

8	Infraestructura de instalación y mantenimiento por un año a un sitio de repetición.	37	3				40
9	Servicios de instalación por la empresa (Instalación, montaje, programación en general del proyecto durante un año)	42					42
10	Servicios Essential Plus, mantenimiento del proyecto por un año (Manto del proyecto por empresa, firmware, parches etc.)	42					42
11	Enlace de datos dedicado sitios disponibles Hondutel y consolas durante un año	42					42
12	Capacitación para el personal administrativo y supervisor	1	2	1	1	1	6

Fuente propia

Nota: (Ver anexo No.3 Cotización del valor monetario del sistema de comunicaciones digitales).

Cuadro No. 5 **Valor Monetario del Sistema de Comunicaciones Digitales.**

No.	DESCRIPCIÓN DEL EQUIPO	CANT.	PRECIO UNITARIO	TOTAL ($)
1	Servidor central sistema, ubicado en el EMC.	1	20,000.00	20000
	Backus Site (Sistema espejo o respaldo) ubicado en Siguatepeque, Comayagua.	1	17,000.00	17000
2	Radios Bases VHF (Licencia Capacity Max Radio, Equipo de instalación (antenas, cables, conectores, etc.)	170	2,345.00	398650
	Radios Móviles VHF (Licencia Capacity Max Radio)	345	1,668.00	575460
	Radios Portátil VHF (Licencia Capacity Max Radio)	1595	1,513.00	2413235
3	Radios Satelitales Portátil IC-SAT100 (Dispositivo suscripción anual IC SAT100)	38	3,041.00	115558
	Radios Satelitales Portátil IC-SAT100M (Dispositivo suscripción anual IC SAT100M)	30	4,822.00	144660
4	Dispositivos de mano Lex L11 y Licencias Wave para Lex 11, durante un año)	50	49,720.00	2486000
5	Repetidoras RPT SLR-8000 (Con 6 RPT en un sitio) 6X4=24	4	53,688.00	214752

#	Descripción	Cantidad	Precio unitario	Total
	Repetidoras RPT SLR-8000 (Con 4 RPT en cada sitio) 23X4=92	23	205,804.00	4733492
	Repetidoras móviles RPT SLR-8000 (Móvil enlace satelital)	7	15,659.00	109613
	Repetidoras móviles RPT SLR-8000 (Vehicular, sin vehículo)	5	11,185.00	55925
6	Sistema de mando y control (Consola de despacho, control y geo ubicación)	21	15,525.00	326025
	Sistema Interoperabilidad para VHF-HF-UHF y CELULAR (Integración de varios y diferentes medios de Cmnes).	10	13,960.00	139600
8	Infraestructura de instalación y mantenimiento por un año a un sitio de repetición.	40	29,340.00	1173600
9	Servicios de instalación por la empresa (Instalación, montaje, programación en general del proyecto durante un año)	42	19,044.00	799848
10	Servicios Essential Plus, mantenimiento del proyecto por un año (Manto del proyecto por empresa, firmware, parches etc.)	42	2,556.00	107352
11	Enlace de datos dedicado sitios disponibles Hondutel y consolas durante un año	42	9,270.00	389340
12	Capacitación para el personal administrativo y supervisor	6	5,000.00	30000
TOTAL				**14,250,110.00**

Fuente propia

Nota: Tasa de cambiaria 07 diciembre 2020, BCH (24.1430), L. 344,040,405.73 (Trecientos cuarenta y cuatro millones, cero cuarenta mil, cuatrocientos cinco con 73/100 centavos de Lempiras.

CONCLUSIONES

1.   Los equipos de radiocomunicación que cuenta la institución actualmente presentan limitaciones que impiden una transmisión de información eficiente durante situaciones de emergencia, especialmente en escenarios críticos provocados por fenómenos naturales. Estas limitaciones afectan la capacidad de las unidades de respuesta para coordinarse adecuadamente, lo que puede comprometer la rapidez y eficacia de las operaciones de rescate y apoyo.

2.   Las capacidades de un sistema de comunicación digital deben ser lo suficientemente robustas, para resistir las condiciones atmosféricas adversas. Además, deben depender menos de la infraestructura terrestre y más de tecnologías basadas en el espacio exterior. El sistema también debe poder mantenerse operativo incluso cuando se interrumpa el suministro de energía convencional.

3.   Las cantidades de equipos de comunicación propuestos se determinan según la organización y el despliegue de las unidades de Fuerzas Armadas en apoyo a las instituciones estatales, dentro del marco de la Ley del Sistema Nacional de Gestión de Riesgos (SINAGER). Esta propuesta busca asegurar que el número de equipos sea suficiente y adecuado, para enfrentar emergencias causadas por fenómenos naturales de manera efectiva.

4.   Se diseño una propuesta del sistema de comunicaciones digitales adecuado, para la transmisión de información a las unidades de Fuerzas Armadas empeñadas en tareas de búsqueda, salvamento, rescate y reconstrucción. Este sistema está diseñado, para mejorar la coordinación y respuesta durante dichas operaciones.

RECOMENDACIONES

1.   Actualizar y mejorar los equipos de radiocomunicación y complementar con radio satelital, para superar las limitaciones actuales, garantizando así una transmisión de información eficiente y una coordinación efectiva durante emergencias causadas por fenómenos naturales. Esto fortalecerá la capacidad de respuesta y mejorará la rapidez y eficacia en las operaciones de rescate y apoyo.

2.   Implementar un sistema de comunicaciones digitales que sea robusto frente a condiciones atmosféricas adversas, que reduzca la dependencia de la infraestructura terrestre y utilice tecnologías basadas en el espacio exterior. Además, el sistema debe contar con mecanismos para seguir operativo en caso de interrupción del suministro de energía convencional, garantizando así una comunicación continua y confiable durante emergencias.

3.   Ajustar las cantidades de equipos de comunicación propuestos en función de la organización y el despliegue específico de las unidades de Fuerzas Armadas en apoyo a las instituciones estatales durante emergencias causadas por fenómenos naturales. Esto garantizará que cada unidad cuente con el equipo necesario para una respuesta efectiva y coordinada.

4.   La implementación del diseño propuesto para el sistema de comunicaciones digitales, ya que está adecuado para la transmisión efectiva de información entre las unidades de Fuerzas Armadas dedicadas a tareas de búsqueda, salvamento, rescate y reconstrucción. Este sistema mejorará la coordinación y la eficiencia en la gestión de operaciones críticas.

BIBLIOGRAFÍA

Argentina, M. d. (enero de 2021). Obtenido de https://www.argentina.gob.ar/noticias/el-ministerio-de-seguridad- recibio-equipamiento-de-comunicaciones-para-la-seguridad-en

Artes Rodríguez y Pérez Gonzales. (junio de 2012). Definición ABC. Obtenido de https://www.definicionabc.com/comunicacion/bibliotecologia.php

Asamblea Nacional Constituyente. (1982). Constitución de la República de Honduras. Tegucigalpa MDC.: La Gaceta. Obtenido de http://www.poderjudicial.gob.hn/CEDIJ/Leyes/Documents/Constitución%20de%20la%20República%20de%20Honduras%20%28Actualizada %202014%29.pdf

Bernal, A. C. (2010). Metodología de la Investigacion. Bogotá, Colombia: PEARSON EDUCATION.

Carrasco y Cepeda, F. A. (2016). Diseño de un Plan de Telecomunicaciones para emergencias en desastres naturales en Ecuador. Guayaquil Ecuador. Obtenido de https://www.dspace.espol.edu.ec/retrieve/97498/D-103465.pdf

Cika, S. E. (2020). Obtenido de https://www.cika.com/newsletter/archives/pp1.pdf

Congreso Nacional, d. H. (1985). Ley Constitutiva de las Fuerzas Armadas.

Tegucigalpa MDC.: La Gaceta. Obtenido de https://www.tsc.gob.hn/web/leyes/Ley_constitutiva_de_Fuerzas_Arma das.pdf

Definición ABC, T. d. (2007). Obtenido de https://www.definicionabc.com/tecnologia/consola.php

Diarioti.com. (2011). Obtenido de https://diarioti.com/policia-nacional-de-colombia-actualiza-el-sistema-de-comunicaciones-troncalizado-con-el- apoyo-de-la-gobernacion-de-cundinamarca-y-tecnologia-de-motorola- solutions/30434

Dirección C-6. (2020). Diagnóstico del Sistema de Comunicaciones. Comayagüela, MDC. Recuperado el 2020.

Dirección C-6, D. d. (2013). Diagnóstico de Comunicaciones FFAA. Comayagüela MDC.

FCc, F. C. (enero de 2017). https://www.fcc.gov. Obtenido de https://www.fcc.gov/consumers/guides/la-radio-

digital#:~:text=En%20resumen%2C%20un%20transmisor%20de,asem
ejan%20a%20ondas%20de%20sonido.

Hernández Sampieri, R., Fernández Collado, C., & Baptista Lucio, M. d. (2014). Metodología de la Investigación (Sexta Edición ed.). México D.F., México: McGraw-Hill/Interamericana Editores, S.A. de C.V.

Hernández, S. R. (2014). Obtenido de https://www.uca.ac.cr/wp-content/uploads/2017/10/Investigacion.pdf

Hernández, S. R. (2014). Obtenido de http://observatorio.epacartagena.gov.co/wp- content/uploads/2017/08/metodología-de-la-investigacion-sexta- edicion.compressed.pdf

IFT, I. F. (2015). Obtenido de http://www.ift.org.mx/usuarios-telefonia-móvil/sabias-que-la-telefonía-móvil

IFT, I. F. (agosto de 2018). Obtenido de http://www.ift.org.mx/sites/default/files/conocenos/pleno/otrosdocument os/javier-juarez-mojica/vf-ticsensituacionesdeemergencia300718.pdf

Luis Andreula, R. d. (1996). Obtenido de Red de Comunicaciones Satelitales. - (Kimerius). MICITT, M. d. (10 de octubre de 2018). micit.go.cr. Obtenido de

https://www.micit.go.cr/noticias/hoy-nuevo-sistema-permitira-la- comunicación-casos-emergencias-los-que-las-redes

Misión UNDAC. (2008). Evaluación de la Capacidad Nacional para Respuesta de Desastres. Tegucigalpa, MDC. Obtenido de http://65.182.2.246/RIDH/pdf/doch0097/pdf/doch0097.pdf

Montero, J. C. (4 de julio de 2011.). The Strategy against Organized Crime in México: a Public Policy Analysis. Ciudad de México.

Poder Legislativo. (1995). Ley Marco del Sector de Telecomunicaciones.

Tegucigalpa, MDC.: La Gaceta. Obtenido de https://portalunico.iaip.gob.hn/portal/ver_documento.php?uid=NjIyODg 5MzQ3NjM0ODcxMjQ2MTk4NzIzNDI=

Proceso Digital. (6 de junio de 2017). Telemática un aporte fundamental en la tarea policial. Tegucigalpa, Honduras. Obtenido de https://proceso.hn/telematica-un-aporte-fundamental-en-la-tarea- policial/

Proceso Digital, P. (22 de agosto de 2018). COPECO, recibe equipos de radiocomunicación. Tegucigalpa, Honduras, Centroamérica. Obtenido de https://proceso.hn/copeco-recibe-equipo-de-radio-comunicacion- para-emergencias-o-desastres/

Revista Boliviana. (2011). Satélites e Comunicación. Revista de Información, Tecnología y Sociedad. Obtenido de http://www.revistasbolivianas.org.bo/scielo.php?pid=S1997-40442011000100007&script=sci_arttext

Rubino, A. (noviembre de 2018). Obtenido de https://webpicking.com/la-radiocomunicacion-digital-una-aliada-de-las-operaciones-logisticas/

Sampieri, R. (2014). Metodología de la Investigacion. Ciudad de México: McGRAW-HIL EDUCATION Interamericana Editores, S.A. DE C.V.

SEPLAN, S. T. (octubre de 2013). https://www.buenosaires.iiep.unesco.org.

Obtenido de https://siteal.iiep.unesco.org/sites/default/files/sit_accion_files/siteal_ho nduras_5049.pdf

Sylvia O, O. (1999). Obtenido de http://www.oas.org/en/: http://www.oas.org/es/sla/ddi/docs/publicaciones_digital_XXVI_curso_ derecho_internacional_1999_Sylvia_Ospina.pdf

Tech, H. (Julio de 2021). Obtenido de https://www.techtitute.com/periodismo-comunicación/blog/estructura-de-la-comunicación#

Tendencia Satelital, T. (2015). https://www.tendenciasatelital.com. Obtenido de https://www.tendenciasatelital.com/single- post/2016/08/17/interoperabilidad-factor-clave-para-el-éxito-de-las- comunicaciones-críticas

TNE, T. N. (jueves de marzo de 2017). https://circulotne.com. Obtenido de Ideas para crecer en la era de la transformación digital: (http://www.circulotne.com, Ed.) TNE, Tecnología Negocios Estrategia. Obtenido de https://circulotne.com/la-radiocomunicacion-migra-de-lo- analogico-a-lo-digital.html

TSU, U. (2012). Obtenido de http://www.tsc.uc3m.es/~antonio/libro_comunicaciones/El_libro_files/c omdig_artes_perez.pdf

UCM, U. C. (2003). Obtenido de http://cidbimena.desastres.hn/RIDH/pdf/doch0113/pdf/doch0113.pdf

UCOL, U. d. (2020). Obtenido de https://recursos.ucol.mx/tesis/investigacion_accion.php

UDEC, U. d. (Julio de 2010). Obtenido de http://www2.udec.cl/~segodoy/teaching/Apuntes_ComDig_3raEd.pdf

UNAL, U. A. (1996). Obtenido de http://eprints.uanl.mx/7828/1/1020122965.PDF

UNGRD, U. N. (noviembre de 2013). http://portal.gestiondelriesgo.gov.co.

¿Obtenido de https://repositorio.gestiondelriesgo.gov.co/bitstream/handle/20.500.117 62/27125/Protocolo_Telecomunicaciones.pdf?sequence=1&isAllowed =y

UTEL, U. e. (agosto de 2013). www.utel.edu.mx. Obtenido de /blog/10- consejos-para/historia-de-la-comunicación-digital/#:~:text=Los%20sistemas%20de%20comunicación%20tienen,para%20desarrollar%20el%20lenguaje%20digital.

Vallejo y Reañez, B. R. (2017). Revista Científica UISRAEL, 4(2), 40 y 41.

Obtenido de https://www.researchgate.net/publication/333006328_Estrategias_para

_el_restablecimiento_de_los_servicios_de_telecomunicaciones_en_caso_de_cat astrofes_naturales

Verasat, S. C. (2009). Obtenido de https://www.verasatglobal.com/producto/telefonos-via-satelite/ic- sat100-iridium-ptt-push-to-talk/#:~:text=El%20IC SAT100%20es%20el,botón%20de%20transmisión%20(PTT).

Verasat, S. C. (2009). Obtenido de https://www.verasatglobal.com/los- teléfonos-satelitales-y-las-zonas-de-desastre-como-salvan-vidas/

Villarejo, E. (Julio de 2020). Obtenido de https://abcblogs.abc.es/tierra-mar-aire/industria-de-defensa/radios-transformacion-digital.html

Viveros Talavera, J. G. (1999). Principios de Comunicaciones Digitales.

Obtenido de https://core.ac.uk/download/83079764.pdf

ANEXOS

Anexo No. 1   Instrumento de Recolección de Datos (Entrevista)

Objetivo General

Elaborar un plan de acción como propuesta de un sistema de comunicaciones digitales, para las unidades de Fuerzas Armadas empeñadas en emergencias causadas por fenómenos naturales.

Objetivos específicos

1. Analizar el sistema de comunicaciones de Fuerzas Armadas, empleado en emergencias causadas por fenómenos naturales.

2. Identificar las capacidades de un sistema de comunicaciones digitales.

3. Describir las características principales de un sistema de comunicaciones digitales, empleado en emergencias causadas por fenómenos naturales.

Entrevista

1. ¿Cuenta Fuerzas Armadas con un sistema de comunicaciones digitales y como está conformado?

2. ¿Qué medios de comunicación emplea Fuerzas Armadas, aparte de la radiocomunicación durante emergencias causadas por desastres?

3. ¿Qué tipo de soporte técnico y entrenamiento se proporciona al personal encargado de operar el sistema de comunicaciones durante emergencias?

4. ¿El equipo de comunicaciones que cuentan las unidades de rescate es el adecuado, para transmitir la información durante emergencias causadas por fenómenos naturales?

5. ¿Cuáles son los elementos básicos de un sistema de comunicaciones digitales?

6. ¿Cuáles serían las características principales de un sistema de comunicaciones

digitales adecuado, para transmitir información durante emergencias causado por fenómenos naturales?

7.   ¿Durante los fenómenos naturales (tormentas tropicales), la radiocomunicación es eficiente en la transmisión de información?

8.   ¿El sistema de comunicaciones digitales de la institución, cubre el territorio nacional o solamente es regional?

9.   ¿El sistema de comunicaciones digitales de la institución, cuenta con energía alterna en caso de faltar la energía convencional?

10.   ¿Cómo hace la institución para enlazar unidades o equipos de trabajo donde no hay ningún tipo de comunicación?

Anexo No. 2   Empresas de Comunicaciones en el País

1. **Sistelcom;** Calle Real de Minas, Tegucigalpa, Honduras, www.sistelcomhn.net, soluciones@sistelcomhn.net

2. **AMK Trading S.A. de C.V.** Contiguo a Gasolinera Uno, Retorno Bulevar Kennedy Anillo Periférico hacia Suyapa, Tegucigalpa, Teléfono: +504 2262 2658, http://amktradingsa.com/contacto/

3. **Comunicaciones Globales;** Avenida Luis Bográn, Tegucigalpa MDC. Teléfono: 9850-0603 http://www.comunicacionesglobales.com/?page_id=83

4. **Ufinet Honduras;** Edificio Torre Morazán, I Nivel 15 Locales 11504-11506 Blvd Morazán, Tegucigalpa Honduras, Teléfono: 2271-0313, https://www.ufinet.com/es/

5. **LIZ Global Business TGU;** Colonia Palmira, Avenida Santa Sede, #326, Tegucigalpa, MDC. Teléfono: 2235-9901, https://www.lizgb.com

6. **Telnet Tegucigalpa;** Boulevard Morazán, Edificio, El Castañito Colonia, El Castaño. Tegucigalpa MDC. Teléfono: 2231-1574.

7. **TEK-COM;** Al este de UTH, Teléfono: +504 2245-1200, https://tekcomhn.com

8. **COCATEL;** Colonia Bella Oriente, Bloque A, N. 4708, Tegucigalpa, Honduras, Teléfono +502 2255 0605, https://cocatel.com

9. **COMTELCA;** Colonia Altos de Miramontes, Calle Principal, Edificio Miramontes Plaza No. 1583, Tegucigalpa, Honduras, Teléfono: 2235-5511, http://www.comtelca.org

10. **COMNET Telecom;** Tegucigalpa Honduras, Teléfono: +(504) 2268-0683, https://www.comnetsa.com/products/telefonos-satelitales/

11. **Tecnologías y Servicios Internacionales de Honduras SA de CV. (TENSINSA);** Boulevard Morazán, contiguo comercial Plaza Marte, Local No. 1, Teléfono: 2717-6034, tecsinsa@gmail.com

12. **Netsys Internet;** Netsys S.A., 18 Ave 14 y 15 Calle Colonia Villa Eugenia, San Pedro Sula, Honduras, Tel. +(504) 2544-1414, http://www.netsys.hn/

13. **REYTEL,** redes y telecomunicaciones S. de R.L de C.V. 21 ave 7 calle S.O. Barrio Rio de Piedras, 03205 San Pedro Sula, Honduras, Teléfono: 2544-0946

14. **GRUPOCOLTEL;** Barrio Guamilito, 4 calle 6-7 avenida NO, San Pedro Sula, Cortes, Teléfono: +504-2553-2018, https://grupocoltel.com

AMK TRADING S.A. de C.V. / MOTOROLA SOLUTIONS
Socio de Negocios e Integrador de Sistemas de Comunicación

Complejo de Ofibodegas Rapaco, anillo periférico
400 metros después de UTH, atrás de gasolinera UNO
Ofibodega # 12
Tegucigalpa, D.C. Honduras C.A.
TEL: (504) 2262-2658 / 3190-7680
Persona de Contacto: Eduardo Carias
E-mail: ecarias@amktradingsa.com

	OFERTA ECONÓMICA	
	AMKHN 15B -2020	07-dic-20

SECRETARÍA DE DEFENSA NACIONAL DE HONDURAS SEDESA-EMC Teléfono: +504 2239-2330 sedena@ffaa.mil.hn	Tiempo de entrega: A DEFINIR***

REFERENCIA: MOT-AMKHN (SISTEMA DE COMUNICACIÓN TRONCALIZADO)	TÉRMINOS DE PAGO A DEFINIR	VALIDEZ DE LA OFERTA 60 DIAS CALENDARIO

ITEM	BIEN SOLICITADO	CANT.	PRECIO UNITARIO	PRECIO TOTAL
1	RADIOS BASES DGM 8500E (con accesorios de instalación)	415	$ 4,013.95	$ 1,665,789.25
2	RADIOS MÓVILES DGM8500E CON ANTENA GPS UHF	433	$ 1,668.00	$ 722,244.00
3	RADIOS PORTATILES DGP 8550E CON PANTALLA	3495	$ 1,513.00	$ 5,287,935.00
4	FUENTES PARA RADIOS BASES DGM 8500E repuesto	0	$ 296.00	$ -
5	BATERIAS PARA RADIOS DGP8550E repuestos	0	$ 154.00	$ -
6	ANTENAS PARA RADIOS DGP8550E repuestos	0	$ 9.80	$ -
7	CARGADORES MÚLTIPLES	0	$ 715.00	$ -
8	MICRÓFONOS PARA RADIOS PORTÁTILES	0	$ 105.00	$ -
9	MICRÓFONOS CON TECLADO PARA RADIOS BASE	0	$ 150.00	$ -
			Sub Total	$ 7,675,968.25
			ISV (15%)	$ -

SON:
Siete Millones Seiscientos Setenta Y Cinco Mil Novecientos Sesenta Y Ocho Con 25/100 Dólares — **$ 7,675,968.25**

CONDICIONES ESPECIALES

- Lugar de entrega de los bienes y servicios: en Sitios designados por Las Fuerzas Armadas de Honduras/Ministerio de Defensa.
- Precios establecidos en dólares de los Estados Unidos de Norte América.
- Los precios son CIF Tegucigalpa, no incluyen ISV e Impuestos de Importación por lo cual se deberá de solicitar ***dispensa.***
- Plazo de entrega será de 24 meses si el proyecto se realiza de forma total (6-12 meses para equipos y 12 meses extra para instalaciones), o el Plazo de entrega será variable según las fases que establezca Las Fuerzas Armadas de Honduras/Ministerio de Defensa.
- Garantía de equipos contada a partir de la fecha de entrega del proyecto será de 60 meses por desperfectos de fábrica y/o mala instalación, incluye compromiso de reemplazo de los equipos y componentes suministrados.
- Términos de Pago por definir, según la necesidad y presupuesto de las Fuerzas Armadas de Honduras/Ministerio de Defensa.

EDUARDO ENRIQUE CARIAS
Gerente Administrativo/Financiero

Printed by Books on Demand GmbH, Norderstedt / Germany